マイマイは美味いのか

マイマイは美味いのか

人とカタツムリの関係史

盛口 満

Mitsuru Moriguchi

岩波書店

はじめに

二三年前。それまで居住していた埼玉県から沖縄島・那覇に移住した際、沖縄という場で新たに何をしようか、それほど明確なビジョンがあったわけではなかった。

引っ越し後しばらくして、知人から現地の自然に詳しい人として紹介を受けていた、琉球大学のSさんのもとを訪れた際に、その後の私の探究に関する一つのきっかけに出会うことになった。

「何をしに沖縄に来たのか？　ヤンバルの珍しい生き物を見に来たのか？」

Sさんのもとに出入りしていた青年が、私にそんな言葉を投げかけてきたのだ。

ヤンバルと呼ばれる沖縄島北部は、ヤンバルクイナをはじめとする沖縄固有の生物が生息することで知られる。そのような「珍しい」生き物目当てで沖縄に引っ越してきたのかと、やや非難めいた口調で問いかけられたことを覚えている。一種の縄張り荒らしと思われたのだろうか。それとも、固有の自然を荒らす、危険人物と思われたのだろうか。この青年が、どのような意味合いで言葉を発したのか、今も本人に確かめられてはいない。

ヤンバルに珍しい生き物を見に来たわけではなかった。さりとて、それでは何のために沖縄に引っ越してきたのかということを、自分でもうまく説明できなかった。振り返れば、千葉の海辺の町で生まれ、幼少時から生き物好きであったことから大学で生物学を専攻し、そののち、研究者ではなく理科教員の道を歩んできた私であった。埼玉県での一五年間の教員生活は、どうしたら中高生たちが自然に興味をもってくれるだろうかと頭を悩ませる日々であり、また雑木林に囲まれた「里山」と呼ばれる自然と親しむ日々でもあった。つまり、私はどちらかといえば、原生的な自然より、身近な自然を相手にしてきた人間である。

なにかしら、小さなころから「あわい」の世界に心惹かれてきたような気がする。

記憶の中に残っている、生き物への最初の興味は、渚に転がる色とりどりの貝殻を拾い集めることだった。渚は海と陸との境界線にある。陸上動物である人間にとって、海中は容易に立ち入ることのできない世界だ(ことに泳ぐことのできなかった者としてはなおさらだ)。渚には、その異世界に暮らす生き物たちの亡骸《なきがら》が打ちあがる。陸上にいながら、海の世界を垣間見ることのできる、つまり渚は、二つの世界がまじりあった場、「あわい」の世界だ。

江戸時代に、怪異について書かれた文章を集めた本の中には、渚にまつわる逸話が散見される。漂着した、見たこともないような形の船の中に、理解できない言葉を話す女性が一人乗り込んでいた話であるとか、とてつもない巨人の死体が流れ着いた話とか[1]。当時、庶民にとっては海の向こうにどんな世界が広がっているかについて正確な知識は得ようもなかった。それでも別世界があるという漠然とした考えがあったのだろう。だから、その別世界から怪異が姿を現すことは、渚という境界線においては十分あり得ることだった。そういえば、ゴジラも海中からやってくる怪異である。いつの時代も、海の中や、海の向こうは別世界なのだ。

沖縄にも、海上はるかかなたに、ニライカナイという別世界、神の世界があるという信仰がある。そしてまた、沖縄には、ある特別な日に、薄絹を頭からかぶって透かして見ると、火玉が見えるようになるといった伝承もある。異世界を覗き込むには、特別な作法や窓のような枠組みが必要とされる。渚は、そうした窓のようなものだ。現代に生きる私も渚に立つと、見えない世界を覗き込むことができるような感覚を覚える。

幼少時代に過ごした海辺の町から一転、大学卒業後は内陸部にある、関東山地に連なる丘陵地の端に位置する町へと移住することになる。移住先となった町は、川沿いや、その川に流れ込む支流沿いに田んぼが連なり、その背後の丘陵地には雑木林が広がっていた。いわゆる里山と呼ばれる景観の中に、私の住んでいた借家も、勤務校もあった。その里山も、一種の「あわい」の世界だった。人が切り拓き、改変した環境でありつつも、そこには作物だけではなく、多様な野生生物が棲みついていた。雑木林に入れば、人家から排出された生ごみと、木の実や昆虫などの残骸が入り混じったタヌキのため糞が見られた。はたまた、夜に耕作地と雑木林の間に位置する小さな神社に出かければ、ムササビが滑空する姿が目に入り、休耕田と化した田んぼに足を踏み入れれば、そこかしこでカヤネズミの巣を見つけられた。人の世界と重なり合うように、動物たちの世界が存在することが肌身でわかるのが里山だ。雑木林や植林地の中の獣道をたどるのは、渚で貝殻を拾いつつ、海中の世界の存在を覗き見ていたことと、どこか同じ感覚があるように私には思えた。

その町を離れ、五月初旬、すでに強烈な日差しの沖縄に移住してきた私にとって、照葉樹林の生い茂るヤンバルはまだ遠い存在としか思えなかった。原生的な自然が残されているように思うヤンバルは、まるきりの別世界に思えたということだ。Sさんのもとを訪れた際に投げかけられた一言をきっかけに、私は、いきなり原生自然の中に飛び込むのではなく、自分の所属する世界、人と関わり合う世界と重なり合う自然を見ることはできないだろうか……そんなふうに思うようになった。沖縄でも、「あわい」の世界を探すことにしよう。

沖縄は、古くから人々が住んできた島である。沖縄にも里山があるはずだ。私は沖縄島の北に広がるヤンバルと呼ばれる山地ではなく、古くから開け、耕作地や人家の多い沖縄島の南部に足を向けることにした。このとき私には、ヤンバルまでの移動手段として必要な車がなかったということも、そのような考えをもつ理由の一因となっている。

ところが、私のもくろみは、すぐに壁にぶつかることになる。

私の移住先となった那覇は都会だが、そこから路線バスに乗り南部に向かうと、確かに耕作地が広がるようになる。台地の斜面には緑の森も広がっている。しかし、耕作地は一面のサトウキビ畑であり、背後の森は、「ジャングル」とでも表現したくなるような下生えが込み合った森で、毒蛇ハブの存在もあって、とうてい足を踏み入れることのできない場所だった。

沖縄の「あわい」の世界はどこにあるのか。それを自分なりに見つけることができるまでには、かなりの時間がかかった。

沖縄にも里山はある。いや、あった。一九六〇年代までは、沖縄島にも田んぼが広がり、背後の林は手入れがなされ……という、埼玉の里山と共通するような自然環境があったことが、少しずつわかってきた。そのような自然が、今、目にするような一面のサトウキビ畑と、荒れた「ジャングル」に変化していったのである。

暖かく雨の多い南の島では、植物の繁茂するスピードが速い。放棄された耕作地や手入れのなされなくなった森は、あっという間に元の姿がわからなくなる。今、かつての沖縄の里山の様子は、当時を伝える写真と、うとぅすい（年配）の方の記憶の中に残るばかりだ。結局、私が見つけた「あわい」の世界は、うとぅすいの方のもとを訪ね、当時の里山の様子を聞き集めるという作業の中から見えてくるものだった。

そうした「あわい」の世界に出入りする中で、あらためて存在の気になった生き物がいる。それがカタツムリだ。一九六〇年代以降、沖縄では田んぼは急激に姿を消した。しかし、カタツムリは、今も変わらず姿を見かけるように思う。そのように、今もなお身近な存在であり続けるものを見直すことで、私たちが「どこ」からきて、今「どこ」にいて、これから「どこ」に向かおうとしているのかを考えるヒントが見つからないだろうかと思う。

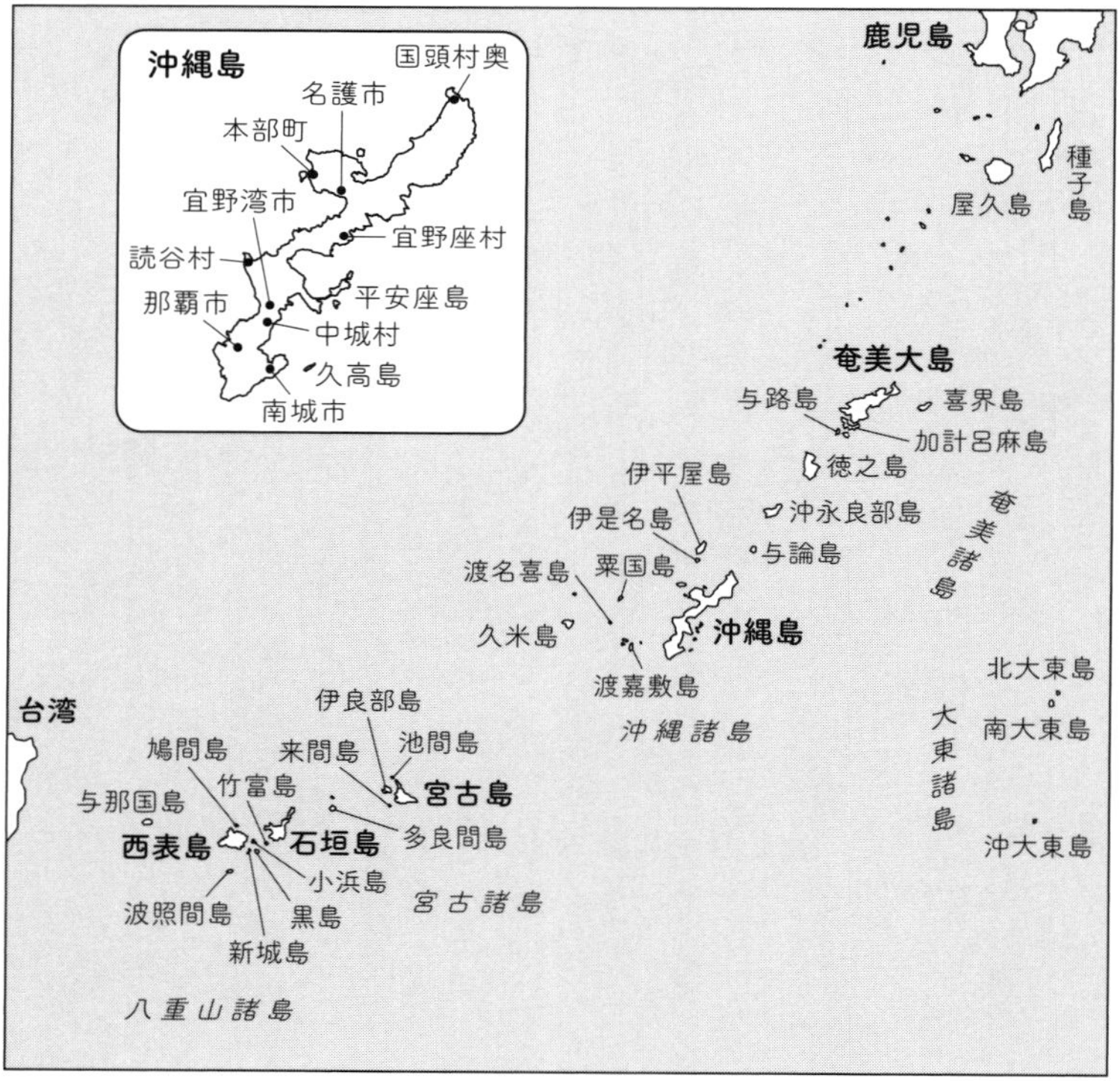
沖縄島
国頭村奥
名護市
本部町
宜野湾市
宜野座村
読谷村
平安座島
那覇市
中城村
久高島
南城市
鹿児島
種子島
屋久島
奄美大島
与路島
喜界島
加計呂麻島
徳之島
伊平屋島
沖永良部島
伊是名島
与論島
奄美諸島
渡名喜島
粟国島
久米島
沖縄島
渡嘉敷島
沖縄諸島
北大東島
南大東島
大東諸島
沖大東島
台湾
伊良部島
池間島
来間島
宮古島
多良間島
宮古諸島
鳩間島
竹富島
与那国島
西表島
石垣島
小浜島
黒島
波照間島
新城島
八重山諸島

琉球列島

目次

はじめに

第一章　カタツムリと私たち……1

「よっこいしょういち」／横井庄一とアフリカマイマイ／カタツムリとの関わりをさぐる／私たちの認識／カタツムリは虫か？／カタツムリ＝ヤドカリ説／ナメクジの分類学的位置づけ／カタツムリの個別名／学生たちの認識の例／アフリカマイマイは毒？／カタツムリを踏んだことってある？／カタツムリの定義／緑のカタツムリ／足元のカタツムリ

第二章　ヤマトにおけるカタツムリと人……39

柳田國男「方言周圏説」／蝸牛歌／カタツムリを食べる／薬用としてのカタツムリ／キセルガイの仲間の利用／夜泣きの貝／信仰の対象

第三章　琉球列島における呼び名と遊び……55

琉球列島でのカタツムリの呼び名／徳之島におけるカタツムリの呼び名

／琉球列島の蝸牛歌／同一地域内での呼び分け／カタツムリの墓／チンナンオーラセー（カタツムリ勝負）／時代による変化

第四章　カタツムリ食の文化……72
無人島漂流記／朝鮮人漂流記の中のカタツムリ／朝鮮人漂流記の島々／ヌングンジマとタングンジマ／与那国島のカタツムリ食／西表島・波照間島・黒島のカタツムリ食／石垣島ではカタツムリを食べていた／小浜島と竹富島のカタツムリ食／宮古諸島でも汁にして／沖縄島――南部ではアンダンスーなどにして／沖縄島周辺離島の利用例／沖縄島のカタツムリ食について聞き取った話／遺跡のカタツムリ／奄美諸島では？／実食!!／世界のカタツムリ食／薬用やお守りとして

第五章　異世界をまたぐカタツムリ……116
「害虫」でも「食材」でもあった／民謡の中のカタツムリ／「永遠」の歌とカタツムリ／あの世とこの世を行き来するもの／虫送りとカタツムリ／カタツムリとアニミズム／虫払いの変容／妖怪とカタツムリ

第六章　アフリカマイマイは害虫か、天与の恵みか……140
夜間中学生の語りから／モービルてんぷらとアフリカマイマイ／アフリ

カマイマイは天与の恵み／アフリカマイマイに関する聞き書き／導入の経緯／寄生虫の媒介／南洋群島のアフリカマイマイ／グアム島探訪記／グアム島のカタツムリ／引き起こされる危機／大陸島と海洋島／ハワイのカタツムリ／カタツムリの歌／ハワイにおける危機／太平洋のカタツムリたち

第七章　無人だった島々のカタツムリ……183
大東諸島／ウフアガリジマ／南大東島の歴史／大東諸島のカタツムリ／北大東島でのカタツムリ探索／南大東島での探索／大東諸島のカタツムリの危機／過去を覗く窓

第八章　カタツムリの島……210
常世のカタツムリ／低島への興味／生物文化多様性／日本のグアムカタツムリの島／与論島の生物文化多様性／島を越えたつながり／与論島の妖怪／与論島の生き物の謎／与論の名を冠するカタツムリ探し／化石カタツムリの意味／与論島のカタツムリ利用

おわりに……241
まとめ／理科系のミンゾク学／アフリカマイマイはおいしいか？

あとがき……249
文献注

装画・本文イラスト＝盛口 満

第一章　カタツムリと私たち

「よっこいしょういち」

私は今、沖縄大学という、沖縄県の県庁所在地、那覇にある、小さな私立大学で教員をしている。沖縄大学の学生の九割以上は県内出身者だ。その学生たちと話をしていると、思わぬことを知らなかったり、思わぬことを知っていたりして、驚かされることがある。

何かの折に、学生が「よっこいしょういち」と言いながら、重い荷物を持ち上げたので驚かされた。「よっこらしょ」にひっかけて、「よっこいしょういち」と言ったわけであるが、その「よっこいしょういち」が、「横井庄一」という実在の人名に由来することを、学生は知っているのだろうか。聞いてみると、案の定、知らないと言う。ただ、ちょっと変わった掛け声としてだけ、その言葉をどこからか聞き覚えていたのだ。

横井庄一は、第二次世界大戦で戦場となったグアム島で戦い、日本軍が破れてのち、戦争の終結を知ることなくグアム島のジャングルの中に二八年間も潜み、一九七二年になって現地の人に発見され、日本に生還した旧日本軍兵士である。

グアム、サイパン、ロタ、テニアンなど、マリアナ諸島と呼ばれる島々は、小笠原諸島の南に連なっている。このマリアナ諸島の先住民は、チャモロと呼ばれる人々である。一五二一年にマゼランが世界周航の途上グアム島に立ち寄ったのが、西欧の人々とチャモロの人々の最初の出会いだった。その後、これらの島々はスペインの領土に編入される。一八九八年の米西戦争の結果、スペインは、海外植民地であったフィリピンとグアム島をアメリカに割譲することになった。また、グアム島以外のマリアナ諸島の島々をドイツに売却した。そのため、サイパン、ロタ、テニアンといったマリアナ諸島の島々は第一次世界大戦後、連合国の一端を担いドイツと戦った日本の委任統治領となり、南洋群島と呼ばれる島々の一部となる。一方、マリアナ諸島の中で最南部にあるグアム島だけは、アメリカ領のままだった。

一九四一年一二月八日、日米開戦と同時に行われた真珠湾攻撃は誰もが知ることだ。しかし、あまり知られていないことに、この真珠湾攻撃から五時間後、グアム島に行われた日本軍による攻撃があった。その二日後、一二月一〇日には、早くもグアム島は日本軍の占領するところとなり、第二次世界大戦を通じて、アメリカの有人領土としては唯一、日本の占領下におかれることとなった。その後、戦況の変化の末、一九四四年七月二一日、今度は米軍によるグアム島奪還作戦が始まる。五万五〇〇〇名の米軍が上陸し、島を防衛する二万名の日本軍との戦闘が始まったが、八月一一日、日本軍の司令部は島北部で自害、戦闘は終了する。しかし、その後もジャングルの中に逃げ込んだ日本兵への掃討戦は続いた。八月一一日の組織的な戦闘終了時点で戦死していた日本軍兵士は、約半数。残る約一万のうち、最終的に捕虜などになり、生き延びて日本に戻った兵士は、わずか一二〇〇名にすぎず、残りの兵士は、組織的戦闘終了後の掃討戦で命を落とすことになった。また、なかにはジャングル深く身を隠し、掃討戦を生き延びた兵士もいた。戦後六年を経た一九五一年には八人の日本兵が投降してきたし、戦後一五年を経た一九六〇年にも二名の日本兵が「発見」された。そして、戦後二七年（グアム島の組織的戦闘が終わり、ジャングルに潜むようになってから二八年後）という長い時を経て姿を現したのが横井だったのだ。[1]一九七二年一月二四日、日中は人目をしのんでジャングル内に掘った洞窟に隠れ住んでいた横井は、夕暮れどき、川に魚やエビを捕りに出かけた際に、グアム島の南部、タロフォフォ村の住人によって「発見」された。[2]

横井の発見は、一九六二年生まれの私にとって、子ども時代のことではあったが、「同時代」の出来事として印象深い。ただし、横井についての知識といえば「戦後もジャングルに長年潜んでいた」という程度のものにしかすぎなかった。その横井にあらためて興味をもったのは、沖縄に移住後、横井がグアム島のジャングルの中で、どうやって生き延びてきたかについて書かれた本を読んでからのことだ。

横井庄一とアフリカマイマイ

一九六〇年代以前、沖縄にまだ里山と呼べる環境があったころ。ソテツは、里山のあちこちで姿を見かける植物だった。ソテツの実や幹には豊富なデンプンが含まれているが、有毒成分もあるため、食用とする際は毒抜き処理が必要となる。それでも、主要作物の補助食として、または飢饉のときの非常食として、琉球列島の島々で広く利用されてきた。島々にかつて存在していた里山環境の解明のために、ソテツの利用について聞き取りを行い、文献を調べるうちに、私はたまたま、横井がグアム島で毒抜きしたナンヨウソテツの実を主食とし、生き延びたことを知って、大いに興味をひかれることとなった。

アウトドア雑誌の『BE-PAL』が、横井からの聞き書きの形式で、グアム島での生活の様子を、サバイバルのテキストとして発刊している。[3] 本文一七一ページの小冊子であるが、その中の一八箇所にソテツに関する記述が登場する。そのままずばり、「毒のあるソテツの実が主食だった」と題する節もある。「一番よく食べたのは、パンの実とソテツの実、コプラ、そしてパパイアの木の芯だった」とも書かれている。では、タンパク質は何から得ていたか。この点に関しての記述を抜き出してみる。

「動物の肉は、たまにしか食べられなかった。野豚、鹿、牛、野生のニワトリ、山猫などなど」

「グアム島には、毒ガマガエルがたくさんいた。（中略）こんなに簡単に手に入るタンパク源を放っておく手はない」

「一番多く捕まえたのは、ガマをのぞけば、やっぱりネズミだね。（中略）ネズミは大切なたんぱく源だった。でんでん虫も、その辺に沢山いた。しかし、あたしはあのネバネバが好きじゃないんだ。そこで、あのヌルヌルをとる方法を考えた。焼いてもあのヌメリはとれない。（中略）そこで、灰につけて、でんでん虫の身をもんで水でよく洗ってみた。この方法はわりとうまくいった。こうしてヌメリをとったカタツムリは、パパイアの木の汁をコプラミルクに混ぜたものに入れてトロトロ煮込むと、タニシのつくだ煮のようになった」

ここに書かれている「毒ガマガエル」というのは、サトウキビの害虫を捕食するという名目で持ち込まれ野生化したアメリカ大陸原産のオオヒキガエルのことである。そして「でんでん虫」というのはアフリカマイマイのことだ(図1-1)。

アフリカマイマイは、その名の通りアフリカ原産の大型のカタツムリだ。あとで詳述するように、アフリカマイマイは原産地を離れ、世界の熱帯、亜熱帯域に持ち込まれた。沖縄にも、戦前に持ち込まれたものが定着している。沖縄旅行をした際に、初めてその姿を見て、そのあまりの大きさに驚い

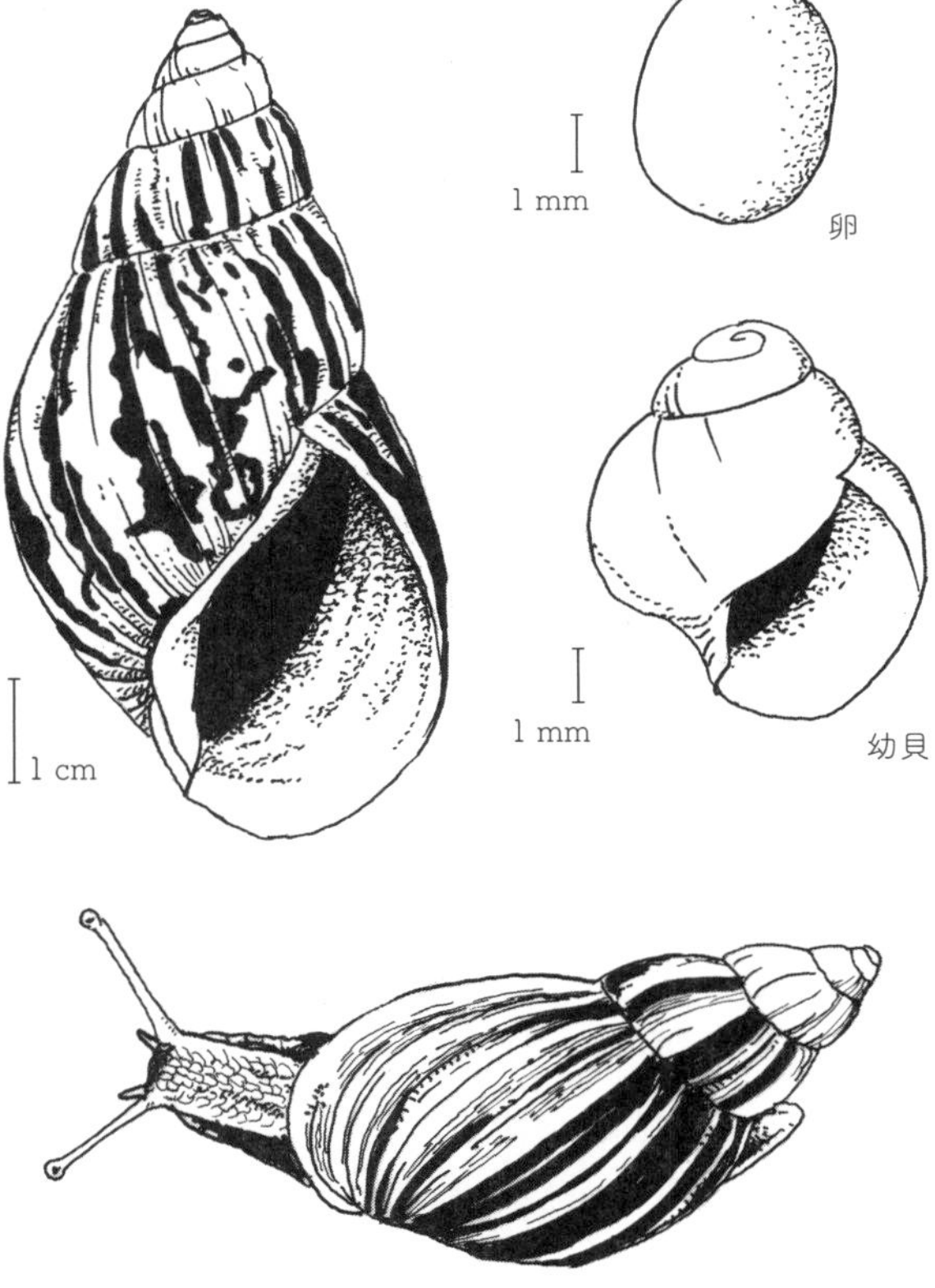

図 1-1 アフリカマイマイ

た記憶のある人もいるのではないか。アフリカマイマイは、これも後述するように、沖縄では大変なキラワレモノである。そんなアフリカマイマイが、横井にとっては貴重なタンパク源だったわけだ。

横井の手になる回想録も読んでみることにする。[4] グアム島の守備強化のため、それまで従軍していた満州の戦場から、ある日、南方のグアム島に派遣されることとなった横井らに、軍から手渡されたのが『これさえあれば必ず勝てる』と題された、サバイバル教書のようなものだった。ところが、横井によれば実際の役には立たないものだったという。そのため、横井は「本の題名といい中味といい、あとになればなるほど、軍部の無責任さを痛感させるものとして、思い出すたびに、腹わたの煮えくり返る憤りを覚えさせられたことでした」と怒りをぶつけている。横井が主食として食べていたソテツの実の毒抜き方法も、このサバイバル教書に載っていたわけではない。米軍に追われて逃げ惑っていた初期に、住民が逃げ去った現地の民家の庭先で、たまたま水に漬けられたナンヨウソテツの実を見て、幼少のころどんぐりを水に漬けてアクを取る話を祖母に聞かされたことを思い出し、そこから思い至り、試行錯誤の末、身につけたものだった。

横井の回想録によれば、一九六三年に大きな台風がグアム島を襲ったあとは、食料を得るのが困難になったという。また、一九六四年までは、ほかに二人、日本軍兵士の生き残りがいて、ときどき交流をしていたのだという（その後、発見されるまでの八年間は、一人だけの生活となった）。この回想録の中にも、ところどころ、「デンデン虫（アフリカマイマイ）」が姿を現す。

「ウナギを一年間で百七十五本も捕り、川エビもよく捕れ、その上五センチぐらいの大きさのデンデン虫がここには多く、安芸丸の中で読んだ『これさえあれば必ず勝てる』の本に、デンデン虫は焼くと食べられるとありましたが、そうしても食べられないことはないがぬるぬるするのが私の口に合わないので、焚き火のあとの灰をつけて揉み、何回もよく水洗いをしてぬるぬるしたぬめりを充分取り去り、とろ火でゆっくりつくだ煮のようにコプラミルクとパパイヤを入れて炊いて食べました」

「〔引用者注。一九六三年の台風後。以下、〔　〕内引用者注〕頼みのソテツはまだ熟さぬうちに叩き落され、パンの木は丸坊主、デンデン虫は水に流されて姿を消し、川は今までとまったく形が変り、川ぶちの草木が流され、川底は深くえぐられ、魚の住家も食べものもなくなり、魚をとって食べることも望み薄になってしまいました」

「キノコや芋のつる、豆の皮、魚のウロコ、エビの皮など消化しないものは、食べても無駄だと思い、食べないようにしていました。デンデン虫にしても、アクでぬめりをとってよく水洗いし、つくだ煮にするとタニシのようにうまいのですが、かたいので、こういうものの場合は、よく嚙むことにしていました」

グアム島には、いつ、どのような経緯でアフリカマイマイが持ち込まれたのだろうか？　手元の資料では一九四〇年代に持ち込まれたというところまでしかわからない。[5] 日本統治領のマリアナ諸島の島々には、日米開戦の前にアフリカマイマイが持ち込まれ、増殖していた。また、日本軍が積極的にアフリカマイマイを補助食として持ち込んだという話もある。これからすると、グアム島の場合は、戦時中、日本統治下になってから持ち込まれ野生化したものかもしれない。そのアフリカマイマイが、横井の命を長らえさせる糧の一つとなっていたわけである。

しかし、アフリカマイマイとはいったいどのようなカタツムリなのか。そして、アフリカマイマイは横井が書くように「うまい」ものなのか。

カタツムリとの関わりをさぐる

本書は、カタツムリと人との関わりをさぐり、紹介することを目的としている。カタツムリと人との関わりの中に、横井のそれのように、「食べる」という行為も、もちろん含まれる。しかし、私たち現代の日本に生きる人たちは、カタツムリを見ても採って食べようとは思わない。「食べ物とは思わない」ということもまた、人とカタツムリの関わりのある側面を表しているといえる。

カタツムリと人との関係性をさぐるといっても、地域差がある。また時代による変化もある。本書では主に琉球列島の島々を対象フィールドとしているが、「ヤマト＝日本本土」におけるカタツムリと人との関わりについてもふれながら紹介する。

ここで少し、本書に登場する地域名について断っておきたい。本書では、琉球列島と地理的な区分で呼び分ける場合、日本本土という言葉を用いる。文化的、歴史的な区分で呼び分ける場合はヤマトという言葉を用いたい。琉球列島と呼ぶ場合は、北は屋久島・種子島から、南は与那国島・波照間島まで連なる、行政区分的には鹿児島県と沖縄県にまたがる島々の総称として用いている（Xページ地図）。なお、琉球列島の西方海上には尖閣諸島、東方海上には大東諸島と呼ばれる島々もある（これらの島々をすべて合わせた呼称は南西諸島、または琉球諸島である）。沖縄という呼称は、沖縄県下の島々の総称として用い、県庁所在地である那覇のある沖縄島だけに限定した呼称の場合は、沖縄島と記すことにする。

沖縄島は那覇市や南城市のある南部、浦添市から恩納《おんな》村にかけての中部、名護市以北の北部（ヤンバルと呼ばれる地域はここに位置する）に大きく分けられる。また、琉球列島の島々のうち、沖縄県下の島々は、沖縄諸島（沖縄島、久米島など）、宮古諸島、八重山諸島（石垣島、与那国島など）に大きく分けられる。戦前、沖縄は南洋群島（パラオ諸島、マリアナ諸島など）と呼ばれた地域とつながりがあった。本書を読んでいただければ、横井のアフリカマイマイ食の記憶も、どこかで沖縄とつながっていることがおわかりになるだろう。

また、本書の主軸に置きたいと考えているのは、急速にその知識や記憶が失われつつある、琉球列島の島々に里山的環境が普通に見られた一九六〇年代以前のカタツムリと人との関わりであり、これらについての聞き取り調査と文献調査の内容を合わせて紹介する。なお、戦中戦後の食糧難の時代のカタツムリ利用についても、アフリカマイマイとの関わりで紹介をしたい。こうした「過去」の人々とカタツムリの関係性と比較するために、現代の人々のカタツムリに対する認識や関わりを、大学生へのインタビューやアンケート結果などからさぐった。

私たちの認識

本書では、まず、現代に暮らす私たちがカタツムリのことを、どう認識しているのかについて明らかにしていきたいと思う。ただし、ここに注意しておきたいことがある。「私」と「私たち」は必ずしもイコールではないということだ。

知人の歯科医師O先生から聞いた、印象深い逸話がある。O先生は歯科治療を行うだけでなく、口腔衛生についての教育普及活動にも熱心である。そのため、日常の中でも、常に口腔衛生の普及につながるネタのようなものがないかに目を光らせている。だから「新聞をぱっと広げたときに、歯という文字が一つでもあったら、すぐにわかります」と言う。一種の職業病といえなくもない。この話が印象的だったのは、自分の関わり合う分野でも、思いあたる節があったからだ。

生物を専門的に追いかけている人々を生き物屋と呼ぶ。生き物屋もさらに、その専門によって細分化される。そのうち、キノコ屋と呼ばれる人たちと森に入ったとき、彼らは「キノコ屋は音を聴かない」ということを口にした。例えば鳥屋なら、森の中で、耳に神経を集中させるだろう。鳥はさえずりを聞くだけで、いることだけでなく、その種類もわかったりするからだ。しかしキノコは音を立てない。キノコを探すには、耳ではなく、目に神経を集中させる必要がある。探している対象をもつということは、それ以外に対しては探索の対象から外すということを意味している。かくて、キノコ屋は森の中では音を気にしない。かように、人は、それぞれ固有の世界を見聞きしている。

カタツムリに特別の興味をもつ陸貝屋と呼ばれる人々もいる。陸貝屋と森に入ると、彼らは倒木や石をめくり、その裏を確かめる。そうしたところに微小なカタツムリが隠れているからだ。石をめくったとき「すばやく石裏から走り出すものは、目に入らない」と、ある陸貝屋は口にした。石裏から素早く走り出すのは、虫ではあってもカタツムリではありえないからだ。そのような陸貝屋にとってカタツムリが生物学的にどんな位置づけなのかは、あらためて問われるまでもなく了解済みのことであるし、目にしたカタツムリも、個々の種類としてただちに識別される(もっとも外見的な特徴だけでは種まで決定できないことがままあるのが、カタツムリの一つの特徴ではあるけれど)はずだ。つまり、目の前にしている世界は人それぞれであるので、カタツムリの見え方も、人それぞれであるわけだ。

　この本を手にしてくださっている方が、カタツムリについてどのような認識をもたれているかもさまざまであるだろう。そして、自身と異なった価値観や興味、知識をもっている他者がどのような認識にあるのかは、なかなか気づきにくいものである。私自身、教員という職業に就くまでは、自身の生き物好きを自覚する一方、「一般」の人々が生き物や自然に対してどのような認識をもっているのかには、あまり注意を払ったことがなかった。

　個々の人々（私）の認識のありさまはさまざまであるのだけれど、多数の人々（私たち）の認識には、一定の傾向のようなものがある。まず、カタツムリについての、一般的な認識の傾向について見てみることにしたい。

カタツムリは虫か？

　私は現在、大学で小学校教員養成課程を軸とする学科に所属している。その関係で、小学校に出張授業に出かけることがある。その授業の中で、小学生のカタツムリに対しての認識の一端を知る機会があったので紹介することにしよう。

　小学校三年生の理科の単元の一つに、「こんちゅう」の学習がある。その単元に関する授業を頼まれたら、まずクラスの子どもたちに「好きな虫」「キライな虫」を教えてもらっている。子どもたちが「虫」というものに、どんなイメージをもっているかをさぐるためである。いくつかの小学校での「キライな虫」の回答例を取り上げて、表1-1にしてみた。

表1-1　キライな虫

那覇，4年生A	ゴキブリ，バッタ，毛虫，カタツムリ，カエル，カブトムシ，セミ，タランチュラ，ハチ，ミミズ
那覇，4年生B	ヤモリ，ゴキブリ，毛虫，バッタ，ムカデ，タランチュラ，クモ，クワガタ
宜野湾，2年生A	カブトムシ，ガ，ゴキブリ，カマキリ，青虫，毛虫，セミ，ナメクジ
宜野湾，2年生B	ミミズ，ゴキブリ，毛虫，ハチ，ムカデ，アリ，クモ
宜野湾，2年生C	毛虫，ゴキブリ，ミミズ，カタツムリ，カマキリ，クモ，ムカデ
宜野湾，2年生D	ゴキブリ，チョウ，クモ，ヤゴ，ダンゴムシ，ミミズ，カマキリ，ヤンバル虫(ヤスデ)，毛虫
宜野湾，2年生E	ミミズ，ハチ，ゴキブリ，カナブン，ナメクジ，ミノムシ，ヤンバル虫，ゲジゲジ，カタツムリ
宜野湾，2年生F	毛虫，トビムシ，ゴキブリ，セミ，クモ，ハチ，コオロギ，カ

ゴキブリのようにどのクラスでも名前があがる定番の虫もいるが、それ以外にも、実にさまざまな「虫」の名があがっている。授業ではこのやりとりから「虫にもいろいろいるけれど、虫にはどんなグループがあるかを考えていこう」……つまり、昆虫と、昆虫以外の生き物をきちんと分けてみようという内容に進むのだけれど、ここで注目したいのは、小学生の子どもたちにとって、ナメクジやカタツムリは、しばしば「虫」というくくりとして認識されているという点だ。

カタツムリは「虫」だろうか。

ここで、江戸時代の一八〇〇年代に出版された、小野蘭山《おのらんざん》の手になる本草書である『本草綱目啓蒙《ほんぞうこうもくけいもう》』をひもといてみることにする。[6]『本草綱目啓蒙』では動物を獣部、禽部、鱗部、介部、虫部に分けている。このうちハマグリやアワビは「介」と呼ばれる生き物としてひとまとめにされている。加えてカニやカメの仲間も「介」に含まれている。

カタツムリは「介」ではなく、虫部の中の湿生類に置かれている。『本草綱目啓蒙』の虫部には、カタツムリのほかにミミズやムカデ、ヒル、カエルも含まれている。このように日本語の「虫」は、きわめてあいまいな範囲の生き物を指し示す用語だ。そして日本の伝統的な生物分類にならうなら、カタツムリは「虫」なのだ。そのため、小学生がカタツムリを「虫」に分類するのは間違いではない。そして、私たちがカタツムリを見ても食欲がわかないのも、そうした認識のありようがからんでいるように思う。

アイヌの人々にとっても同様で、カタツムリはアイヌ語ではアネ・ケム・ポ（細い針。針は触角や眼柄を表しているらしい）、キナ・モコリリ（草にいる巻貝）と呼ばれる。「殻をもち、陸上生活をするカタツムリは、〈カイ〉と〈ムシ〉の両義的性格をもつが、〈ムシ〉に類別される。（中略）カタツムリが〈ムシ〉に類別されるのは、殻をもつという〈カイ〉との形態的類似よりも地表をはうという〈ムシ〉との類似に因る」とあり、カタツムリは「虫」の仲間として認知されていたという。[7]

しかし、生物学的に見た場合は、一般的に「虫」という名称で思い浮かぶ、昆虫やクモといった節足動物に分類される陸上無脊椎動物と、カタツムリはかなり縁の遠いもの同士だ。カタツムリは、海に棲んでいる巻貝（軟体動物）のうち、陸上に進出したもののことである。端的にいえば、カタツムリは貝（陸に棲む貝なので、陸貝と呼ぶ）だ。ただし、貝は海に棲む生き物というイメージが強いせいか、はたまたデンデンムシという名称が影響しているのか、カタツムリは貝とは別の生き物であるというイメージがもたれてしまうわけである。

なお、アリストテレスによって紀元前四世紀に書かれた『動物誌』を見てみると、アリストテレスは動物を有血動物（現在の脊椎動物に相当する）と無血動物の二つに分け、さらに無血動物を、軟体類、軟殻類、有節類、殻皮類などに分けている。そして、カタツムリは、そのうちの殻皮類に海の貝と一緒に分類されている。ヨーロッパではこのように、生物分類の試みの当初から、カタツムリを海の貝と同じ仲間に区分けしていた（英語でカタツムリをland snail——陸の巻貝——と呼ぶこともあり、ヨーロッパの人々はカタツムリを虫の仲間とは思わないのではないだろうか）。

カタツムリ＝ヤドカリ説

沖縄島に移住してしばらくしてから、地元の新聞で、子ども向けの自然記事の連載を始めることになった。ある年、その新聞への寄稿者を集めた忘年会の席で、思いがけなくカタツムリの話となった。

「カタツムリの殻のないのがナメクジじゃなくて、別のものなんですか？」

そんなふうに、まず聞かれた。

この質問について少し解説すると、これは、質問者が「カタツムリは殻を脱いだらナメクジになる」という認識をもち、その認識に基づいて質問をしていることを示している。つまり、「カタツムリの殻が脱げたのがナメクジだと思っていたのですが、カタツムリとナメクジはもともと別の生き物なのですか？」と、この人は聞いてきたわけである。

この発言に見られるような、「カタツムリは殻を脱いだらナメクジになる」、すなわち「カタツムリの本体は、ヤドカリのように殻を出入りすることができる」という認識を、私は「カタツムリ＝ヤドカリ説」と名付けている。最初に私がこの認識の存在に気づいたのは、埼玉の学校での教員時代、生徒とのやりとりの中においてだ。[8]あとでまた紹介するが、この認識は、私の勤務している大学の学生たちの中にも少なからず散見される。

過去にさかのぼって、日本人がどのようにカタツムリとナメクジの関係を認識していたのかを調べてみると、古い時代においても「カタツムリ＝ヤドカリ説」につながるような記述を見ることができる。

寺島良安《てらしまりょうあん》の手になる江戸時代の百科事典、『和漢三才図会《わかんさんさいずえ》』(一七一二年成立)を見ると、ナメクジの項には「蛞蝓と蝸牛とは二つの異なったものである。蝸牛の老いたものと同一物とするのは甚だ謬《あやま》りである」と書かれてあり、両者はまったく異なるものであると説明がなされている。[9]ただし、わざわざそう書かれているということは、両者は同一物と思う人が少なからずいたということでもある。

一方、『和漢三才図会』に先だって出版された、人見必大《ひとみひつだい》の著した食物百科、『本朝食鑑《ほんちょうしょっかん》』(一六九七年刊)には、薬材としてナメクジのみが取り上げられている。そこには、いまだ殻を脱していないものをカタツムリといい、すでに殻を脱したものをナメクジという、といった内容が書かれていて、「カタツムリ＝ヤドカリ説」に通じる認識がこの時代にも存在していたことが、はっきりわかる。[10]

おもしろいことに、カタツムリの方言を全国レベルで調べ、『蝸牛考《かぎゅうこう》』という論考を書いた柳田國男によると、地域によって、カタツムリとナメクジを同一の名称で呼ぶところがあり、それどころか同一の名称で呼ぶことは「決して珍らしい例でも何でもないのである」という。[11]

柳田によると、肥前・肥後・筑後の各地や壱岐ではカタツムリをナメクジというほか、津軽ではナメクジ、カタツムリを両者ともナメクジリという、とある。また秋田・比内ではカタツムリをナメクジリ、ナメクジをナメクジというほか、飛騨の北部では、カタツムリとナメクジの両方をマメクジリやマメクジラと呼ぶと書いている。なお、長崎県の諫早ではカタツムリはツウノアルナメクジ、つまり「甲羅のあるナメクジ」といい、ナメクジのほうが命名の基準となっている。

生物学的な視点に立てば、ナメクジというのは、カタツムリのうち、殻を退化させたもののことである。だから、ナメクジの先祖はカタツムリだ。また、カタツムリのほうがナメクジよりも圧倒的に種数が多い。そうしたことからいえば、例えばナメクジに対して「ハダカカタツムリ」なる呼称を附与するとしたら、その理屈はわかる。けれど、その逆に、カタツムリに「ツウノアルナメクジ」と命名する理屈はすぐにはわかりにくい。これは、ナメクジがナメクジとカタツムリ共通の「本体」で、ナメクジが殻に入っている状態がカタツムリ(「ツウノアルナメクジ」)と思っていた(つまり、「カタツムリ＝ヤドカリ説」による認識)ということを意味しているように思える。もっとも、これは推測にすぎない。言語学上、両者の関係が、なぜそのようにとらえられていたのかということをきちんと解き明かすのは、私には難しい。

ナメクジの分類学的位置づけ

ともあれ、一生の間に、カタツムリとナメクジが入れ替わることはない。カタツムリからナメクジへの変化は、進化と呼ばれる長い年月の間に起こった現象だ。ナメクジの中には、まだすっかりナメクジ化しておらず、背中に先祖ゆずりの殻の名残を背負っているものもいる。なお、カタツムリからナメクジへの進化は、さまざまなカタツムリの系統において、独自に起きている。つまり、「ナメク

表 1-2　日本産の主なナメクジ類の分類上の位置づけ

有肺類（柄眼類）	ナメクジ科	ナメクジ，ヤマナメクジなど
	コウラナメクジ科	コウラナメクジ，チャコウラナメクジ，マダラコウラナメクジ，ノハラナメクジ，ヤマコウラナメクジなど
	ニワコウラナメクジ科	ニワコウラナメクジ
	オオコウラナメクジ科	オオコウラナメクジ
	ベッコウマイマイ科	ヒラコウラベッコウ
有肺類（収眼類）	アシヒダナメクジ科	アシヒダナメクジ
	ホシアシヒダナメクジ科	イボイボナメクジなど

図 1-2　収眼類，イソアワモチの仲間

ジ」とひとまとめにされる生き物は、生物分類学的にいうと同一のグループに所属しているわけではなく、見かけ上の似た者同士をひとくくりにしたものの総称にすぎない。

参考までに、日本産の主なナメクジ類の分類上の位置づけを紹介すると、表1-2のようになる。

潮の引いた干潟や磯に行くと、イソアワモチという、一見ウミウシのような殻をもたない貝の仲間が岩や泥の上を這い回っている姿を見るが、このイソアワモチは、海に棲む収眼類の貝だ(図1-2)。収眼類のナメクジは、陸上で貝殻を退化させた柄眼類のナメクジたちとはまったくグループが異なり、もともと海に棲んでいたときから貝殻を退化させていたグループである。すなわちアシヒダナメクジやイボイボナメクジなどの収眼類のナメクジは、柄眼類とは別個に陸上に進出したものであり、生態的にも興味深い仲間である。[12]

カタツムリの個別名

実際問題、カタツムリの殻を「脱がす」と、カタツムリは死んでしまう。カタツムリとナメクジは別の生き物であり、カタツムリの中で、殻をなくす方向に進化したものがナメクジである。そうしたことを、忘年会の席上、「カタツムリ＝ヤドカリ説」を信じていた質問者に説明した。

「昨日や今日、殻をなくしたわけじゃないんですね」

「そうですよ。よく、カタツムリの殻を取ったらナメクジになる？　なんて言う人がいますけど、カタツムリの殻を取ったら、内臓が出てきて死んじゃいますよ。ナメクジはその内臓を体の中にしまったんです」

「えっ、内臓があるんですか？」

今度は、こんなことを聞き返されてしまう。カタツムリの殻の中身がどうなっているかは、一般的にはブラックボックスであるわけだ。

「アフリカマイマイもカタツムリですか？」

続いて、そんな質問が繰り出された。アフリカマイマイは、沖縄の島々では普通に見かけるカタツムリだ。殻は一般的なカタツムリのように丸まった形ではなく、海に棲む巻貝でよく見かけるような先細りをした形だ。最大で二〇センチにもなるというが、よく見かけるのは殻長が一〇センチたらずの大きさのものだ。アフリカマイマイは戦前、食用になるという触れ込みで沖縄に持ち込まれ、その後、野生化して作物の害虫と化した。また体内に、人にも被害を及ぼすことのある寄生虫(広東住血線虫)を宿しているため、大型で目立つだけでなく、沖縄ではきわめて知名度が高い生き物となっている。もっとも、知名度が高いというのは「キラワレモノ」としてだ。

ところで、こうしたやりとりによって気づいたのは、どうやら沖縄の一般の人々は、陸に棲む貝に対して、認識上、「ナメクジ、カタツムリ」という区分とは別に、「アフリカマイマイ」が特別に意識される存在となっている、ということだ。「アフリカマイマイは、カタツムリとは別物」という認識の存在も見え隠れする。

この点について、私のゼミ生だった照喜名愛香さんが、大学生を対象にアンケート調査を行ってくれた。「知っているカタツムリの種類」についてのアンケート結果(総数九五名、複数回答あり)は、無回答が三一名(三二%)、アフリカマイマイと回答した者が六一名(六四%)、ナメクジと回答した者が二名(二%)という結果だった。なお、愛香さんの調査では、エスカルゴのほか、「アオミオカタニシ」といった、カタツムリの個別名をあげた回答が八例見られた。

以上のことから、沖縄の一般の学生のカタツムリの認識は次のようにまとめることができる。

・カタツムリはナメクジと区分されている(ただし「カタツムリ＝ヤドカリ説」を信じている場合がある)。
・カタツムリの個別名はほとんど知らない。
・カタツムリの中でアフリカマイマイはきわめて知名度が高い(ただし、先に書いたように、カタツムリとは別の区分として、アフリカマイマイをとらえている場合もある)。

・なお、個別名を知らない場合でも、カタツムリに「普通のカタツムリ」と「特別なカタツムリ」という区分がなされている場合がある。後者に含まれるのはエスカルゴなどのカタツムリである。

日本全体では、カタツムリとナメクジを合わせて、陸貝は一〇〇〇種ほどいる。『沖縄県史』によれば、沖縄県だけでも陸貝は一四〇種ほどがいるとされている。[13] しかし、学生のほとんどは、カタツムリにも種類があることはうっすら認識してはいるものの、個別名までは知らない。カタツムリにいったいどのくらい種類があるのかも知らない。

学生たちの認識の例

「カタツムリの種類って、どうやって見分けるの?」

「緑色の貝殻のカタツムリっているじゃん。あれってそういう種類なの? それとも食べもので緑色になるの?」

「俺らが普通に見ているやつは、なんていうやつなんですか?」

学生たちから、こんな質問を投げかけられたことがある。

学生たちは、カタツムリの個別名をほとんど知らないが、何かの拍子に話を交わすと、カタツムリについてまったく関心がないわけでもないこともわかる。あれこれと質問をしたりするからだ。そこでもう少し、大学生のカタツムリについての認識がどのようなものなのか、見てみることにしたい。

次に紹介するのは、私が大学に着任後、最初に担当したゼミの学生とのやり取りである。あるとき、たまたまカタツムリの話題がゼミ生から持ち出され、そのままやり取りを続けた内容の記録である。

「アフリカマイマイ、絶滅させたい」とナギサが言い出したことから始まった。ナギサは、駐車場に出入りするときにアフリカマイマイを車で轢いてしまうことがあって、その殻が割れる音を聞くのがイヤなのだという。つまり、アフリカマイマイは、彼女の家の周囲には、それだけ普通にいるということである。

「アフリカマイマイの本当の名前は何？」と、続けてナギサが私に聞いた。

「アフリカマイマイだよ」

「じゃあ、アフリカから来たの？」

「そうだよ」

「まじで？　どうやって」

「人が持ち込んだんだよ」

「誰が？」

次々に質問が飛び出してくる。アフリカマイマイは、車でよく踏みつぶすぐらい普通にいるのに、学生たちにとって、謎の多い生き物だということがわかる。「誰が？」という質問には笑ってしまった。が、かといって、このとき、私も「誰」がアフリカマイマイを沖縄に持ち込んだのかは知らなかった。学生たちとやり取りをすることで、自分自身にも知らないことがあるのに、まま、気づかされる。

「カタツムリの殻って大きくなるの？」とナギサがさらに聞いてくる。どうやらアフリカマイマイだけでなく、カタツムリ全般に、よく知らないことがあるようだ。

「殻、交換するんじゃないの？　ヤドカリと一緒って聞いたけど」

ここで、もう一人のゼミ生、ミナがやり取りに参入してきた。彼女の発言から、彼女が「カタツムリ＝ヤドカリ説」を信じていることがわかる。

「カタツムリは殻から出したら死んじゃうよ。ヤドカリみたいに、成長するにしたがって、中身が抜けて殻を替えていくんじゃなくて、中身の成長と同時に殻を大きくしていくんだよ」

「アフリカマイマイも殻と一緒に大きくなるの？　じゃあ中身を出そうと思っても出てこないの？まじ？」

私の説明を聞いて、ナギサも驚いている。彼女も、自身で意識しているかどうかは別として、「カタツムリ＝ヤドカリ説」の信者である。学生たちはこんなふうに、カタツムリについて誤った認識をもっていたり、不十分な知識しかもっていなかったりするが、だからこそ、こうしたやり取りをすると、次々に疑問に思うことが出てくるようだ。「じゃあ、カタツムリって、どうやって増えるの？」という質問が、続いて彼女たちの口から出された。

「カタツムリは卵で増えるよ」

「卵？　きもっ！」とミナは言った後、「どこで産むの？　壁？」と続けて聞いてきた。このとき、ミナが「壁」と言った意味がわからない。

「だって、壁にいるさ」

確かに、沖縄では、カタツムリがよく家の壁に貼りついている姿を見る。台風の多い沖縄では、戦後になって急速に鉄筋コンクリート建築の家屋が増えた。そうした家屋の壁にカタツムリがくっついているのをよく見るのである。場合によってはマンションの高い階の廊下の壁にまで這い上がってきていることがある(わが家はマンションの七階にあるが、やはりカタツムリが壁に貼りついている)。このような壁に貼りついているカタツムリには、殻の中に引きこもったものの、そこがまったく雨の降りかからないような場所だと、そのまま二度と這い出ることなく、干からびて死んでしまう場合もしばしばある。ミナにとってカタツムリと聞いて思い浮かぶのは、まずそういう光景なのだろう。

「じゃあ、ナメクジは何なのさ?」という話にも飛び火する。

「ナメクジなんて塩かけたことしかない」とナギサが言う。そして、「カタツムリの殻、落ちてるのあるさ。中どうなっているの? 中が入ってないやつ」と続けた。

「殻が落ちてるのは、中身が移動中のやつよ」とミナが言う。彼女の中にある「カタツムリ=ヤドカリ説」は、かなり強固なようだ。

「落ちている殻は、死んで殻だけが残っているんだよ」

「えーっ、あれ、死んだやつなの? 死んだら殻だけ残っているの? じゃあ、死因は何?」

病気もあるだろうし、寿命もあるだろうし、天敵もいるし……と説明をした。

「寿命ってどのくらい?」とミナがさらに聞いてくる。

そこで、「そんなにカタツムリに興味があるのなら、大学構内でカタツムリを見つけて、殻にマーキングして追跡調査をしたらどうかな?」と提案してみたのだけれど、あっさり無視された。学生たちのカタツムリへの興味は、自身で科学的探究を行うことに結びつくほど強くはない。ただし、「殻ごと大きくなっていくってことは、殻に字を書いたら、字が大きくなるの？」とミナは聞きなおしてきた。どうも、殻の成長のイメージがうまく思い浮かべられないようである。そこでアフリカマイマイの殻を持ち出してきて、カタツムリの殻の成長の仕方を説明することにする。

「アフリカマイマイ！　なんでそんなの、持っているの？」

ナギサが声を荒らげた。よほどアフリカマイマイがキライなのだ。

彼女らとのカタツムリに関するやり取りは、このあともまだ、しばらく続いた。

アフリカマイマイは毒？

以上のやり取りから、学生たちの中には「カタツムリ＝ヤドカリ説」を固く信じている者がいることがわかる。愛香さんのアンケートの中に、「カタツムリに関する疑問」の自由記述欄を設けたのだが、そこにも、以下のように「カタツムリ＝ヤドカリ説」に関わる質問がいくつか見られた。

・カタツムリはヤドカリスタイルか？
・カタツムリはどうやって引っ越ししているのか？
・カタツムリは殻ごと大きくなるのか？
・カタツムリの殻は取り外せるのか？
・ナメクジとの違いは何か？
・殻がなくなるとナメクジなのか？

このように、カタツムリは身近な生き物である一方、どのような生き物なのか、実態をよく知らないことがよくわかる。同様に、学生たちはカタツムリの食性や増え方などについても、知らない。また、アフリカマイマイは「キラワレモノ」であるものの、名前の由来も含めて、これも実態については、よく知らないということもわかる。

その後も、折にふれて学生たちから、カタツムリについてのイメージの聞き取りを試みた。アフリカマイマイが「キラワレモノ」として認知されていることは明らかだったのだが、ほかのカタツムリはどのように認知されているのかについて、もう少し明らかにしたかったからである。学生たちから聞き取った事例を以下に列挙してみよう。

M（女性）「ゴキブリがキライだけど、カタツムリも無理。質感もそうだし。カタツムリって、毒があるってお母さんに言われて。昔は手に載せていたりしたけど、その歩いた跡が毒だよと言われてNGになりました。その流れでアフリカマイマイもだめ。カタツムリと似ているから」

A（女性）「カタツムリは雨の日に出てくる。そして踏む。口がたくさんあるって聞いたことがある。カタツムリってナメクジが殻を背負った感じ。ヤドカリ状態？　カタツムリは殻なら持てる。柔らかいところも持てるかも。アフリカマイマイは触れなそう。おっきいし。アフリカマイマイ、いっぱいいるし。アフリカマイマイは菌があるから触らない。アフリカマイマイは毒というのも聞いたことがあるけど、普通のは特に毒とかは思ってない。アフリカマイマイはカタツムリの突然変異と思ってた」

S(女性)「アフリカマイマイだけは触るなって、親に言われた。なんか黴菌《ばいきん》はいるよーって」

K1(女性)「アフリカマイマイは毒があるから触るなって言われていた。本当に毒があるかは、わからないけど。普通のカタツムリは触っていたよ」

K2(男性)「アフリカマイマイ、ダメ。いたら、避けてました。最近、アフリカマイマイあんまり見ない気がする。カタツムリは毒とか、触るなとか、特になにもない」

R(女性)「カタツムリは触っていた。三〇個ぐらい集めてレースをしていたり。アフリカマイマイは触らなかった。幼稚園の先生も触っちゃだめって言っていたし」

Y(女性)「アフリカマイマイが毒っていうのは言われたことがないけれど、アフリカマイマイめっちゃいて、親から近づくなよーっていう圧みたいなものは感じてた。カタツムリは赤ちゃんを探すのが好きだった。雨の日、知らずに足で踏んじゃうこともあるし」

T(男性)「自分も、アフリカマイマイが歩いたら、そのあとが湿っているけど、それすら触ったらだめって言われた。だから、アフリカマイマイ、家の近所で見つけると、シャボン玉の液で殺してました。普通のカタツムリは大丈夫。たまに踏んでごめんねって思うぐらい」

S(男性)「アフリカマイマイ、毒だっていうのは言われていない。友達からは聞いたことがある。ナメクジに塩かけたことはあるけど」

N(男性)「自分はアフリカマイマイが毒だという話を聞いたことはなかったけど、友達は触ったらダメと言っていた。でも、おばあのうちに行ったら、戦争中は食べていたよと言ってて、それでびっくりした」

R（男性）「親も先生もアフリカマイマイは触ったらだめと言ってた。アフリカマイマイは庭にもよくいて、イヌを飼っていたから、イヌが食べたら大変って言って、花火で殺していた。あとはトングでつまんで捨てたり。アフリカマイマイ、イヌの糞にめちゃくちゃ、たかるわけ」

Y（男性）「アフリカマイマイは毒があると言われてた。カタツムリやナメクジは触ったよ」

学生たちにとってアフリカマイマイが「キラワレモノ」であるのは、「毒がある」とか「触ってはいけないものである」と、周囲の大人から言われたことが原因となっていることがわかる。一方、アフリカマイマイの「毒」がどのようなものであるのかについては、はっきりしたイメージはないようである。別の機会であるが、カタツムリに関する話題を取り上げた授業の感想に「アフリカマイマイって踏んだら〝ばち〟があたるって聞いた」と書いた学生がいた。アフリカマイマイの「負」のイメージの変形バージョンだ。

また、アフリカマイマイと連動して一般のカタツムリも忌避の対象となっているのではないかと予想したのだが、そのような例もあるものの、多くの学生はアフリカマイマイと一般のカタツムリを切り離した存在として認識しているらしい。愛香さんのアンケート結果でも、小さいころにカタツムリで遊んだことがあると答えた学生は五一％に上り、沖縄にはアフリカマイマイという「負」の存在があっても、子ども時代にカタツムリで遊んだことがある学生は、案外多い。

カタツムリの遊び方としては「目をつつく」（遊んだことのあるという回答中三九％）が一番多い回答で、

続いて「塩や砂糖をかける」(同一六%)、「大量に集める」(同七・八%)、以下「角が出たり引っ込んだりするのを見ていた」「殻を割る」「手に載せる」「投げる」と続く。沖縄には伝統的なカタツムリを使った遊びがある。しかし、学生たちの回答の中には、この遊びはまったく見当たらず、伝統的なカタツムリの遊びは現在、すっかりすたれてしまっていることもわかる。

カタツムリを踏んだことってある?

先の学生たちからの聞き取りの中で、複数の学生が「カタツムリを踏んだことがある」という話を口にしていた。

「何度もある。踏むと、ごめんねって、ちっちゃく言う。あと、踏んだのは中身がないやつって思うようにしてる」

「踏むとカリッて、音がして。踏んだら、水たまりで靴の裏を洗う」

「ぱきっ……て音がしたら、足元を見ないようにしている」

このような話も聞き取った。なかには、「カタツムリって、歩いているときに間違えて踏んでも絶滅しないのは、雌雄同体で、いつでも増えられるから?」という質問を私にした学生もいたほどである(絶滅を心配するほどの頻度で踏んでいるということになる)。

では、「カタツムリを踏むことがある」というのは、沖縄ではいったいどのくらい普通に経験することだろう。愛香さんがアンケートを行う際、この点について明らかにするために、カタツムリを踏んだことがあるかどうかを問う項目を設定してもらった。すると、九五名の回答者のうち、八四名

(八八%)が「カタツムリを踏んだことがある」という回答結果が得られた。やはり、沖縄では雨上がりなど、路上に這い出ているカタツムリをうっかり踏んでしまうことは珍しくないということだ(私自身も何度も踏んでしまった経験がある)。

この「カタツムリを踏んだことがある」という経験が普通だということは、それだけ沖縄にカタツムリが多いということを表している。

比較するために他県の例を見てみよう。

徳島県の大学において、学生たちのカタツムリの認知度について調べた結果が報告されている。[14] 興味深いのは、学生対象のカタツムリに関するアンケートの項目に、直近三年間でカタツムリを見たことがあるかどうかについての設問が設けられていることだ。沖縄の大学生なら、おそらく一〇〇%、見たことがあるという回答結果が得られるだろうこの設問に、徳島の大学生は四八・一%のみが「見た」と回答したとある。つまり三年間という期間にわたり、カタツムリを一度も見たことがない(少なくとも記憶がない)学生が、残りの五一・九%にも上るわけである。

確かに、カタツムリがどれだけ目に付くかは、地域によって違いがある。そして、これは、その地域の土質に起因している。

長野県駒ケ根を訪れた際、「ここらは大型のカタツムリが少ない。花崗岩地帯だから」と在住の友人が口にしたことが、私に強い印象を与えたことを覚えている。そして、確かに、その日は、友人宅周辺をどれほど歩いても、カタツムリの殻を見ることはまったくなかった。これは、沖縄で長く暮らしていると、とても奇妙に思える光景である。

沖縄、特に沖縄大学のある沖縄島中南部にカタツムリが多い理由は、石灰岩地が広がっているからだ。カタツムリは陸上で暮らす貝であるわけだが、貝殻をつくるにはカルシウムが必要となる。そのため、石灰岩地はカタツムリにとって暮らしやすい場所なのである。

カタツムリの定義

さて、ここでもう一度、「カタツムリとは何か」について、考え、答えておく必要があるように思う。

カタツムリとは、陸の上に棲む巻貝(専門的には腹足類と呼ぶ)の仲間であると書いた。ところで、その中で殻を消失させるように進化したものがあり、それをナメクジと呼ぶということにも簡単にふれた。つまり、一般的に、カタツムリという呼称の対象に、ナメクジは含まない(陸に棲む、殻のある巻貝がカタツムリということになる)。

しかし、もう少し正確にいうと、カタツムリには複数の祖先がある。つまり、海産の複数の祖先種が、それぞれ別個に陸上で暮らすように進化してきたのである。貝の専門書には「陸産貝類には、アマオブネガイ類、新生腹足類、有肺類の少なくとも三つ以上の異なる系統がある」と書かれている。[15]

つまり、陸で暮らす貝は、大きく以下の三つのグループに分けられる。

・アマオブネガイ類が陸上に適応した陸貝＝ゴマオカタニシ、ヤマキサゴの仲間。

・新生腹足類が陸上に適応した陸貝＝ヤマタニシ科、アズキガイ科、ムシオイガイ科、ゴマガイ科、クビキレガイ科、イツマデガイ科、カワザンショウガイ科など。

・有肺類が陸上に適応した陸貝＝別個に陸上に進出した柄眼類と収眼類がある。柄眼類には、キセルガイ科、オナジマイマイ科、ナンバンマイマイ科、ナメクジ科など多数の科がある。「デンデンムシムシ、カタツムリ～」という歌を聞いて頭に思い浮かべる、いわば普通の「カタツムリ」もこの仲間。収眼類にはアシヒダナメクジ科、ホソアシヒダナメクジ科がある。

この三つのグループのうち、前二つのグループの貝には、蓋があるのが特徴である。一方、有肺類の貝には蓋がない。この蓋のあるなしが、陸に棲む貝のうち、有肺類かどうかを見分ける簡単なキーとなっている。

このように、陸に棲む貝にいくつかのグループがあることから、専門的にはこれら、陸上に棲む貝をまとめ、ここまでも何度か記したように、陸産貝類や陸貝と呼ぶ。一方、日常的に使われるカタツムリという用語が、どの範囲で使われるかについては、きちんとした取り決めがあるわけではない。そのため、カタツムリを紹介する本によっても、その扱いが異なっている。

例えば『カタツムリハンドブック』では、「巻貝のうち、陸上に住むものがカタツムリです」として、陸に棲む殻のある貝の仲間すべてをカタツムリと呼ぶとしている。そして、「カタツムリとナメクジを合わせて、陸産貝類あるいは陸貝といいます」と付け加えている[16]。

一方、「カタツムリは、あるいはデンデンムシといって、とくにこどもたちに親しまれている。陸にすむ巻貝類は、デンデンムシのほかにタニシのようなフタをもったヤマタニシ類や、ナメクジ類なども含めて陸産貝類とよばれている」のように、殻をもつ陸貝のうち、有肺類のものだけをカタツムリ（＝デンデンムシ）としているものもある。[17]

この中間にあたる扱いとして、『カタツムリの生活』では、陸貝＝カタツムリ＝デンデンムシとしながらも、「狭義のデンデンムシ」（＝マイマイ類）として、有肺類が本来的な意味でのカタツムリであるという表記となっている。[18]

本書では、『カタツムリハンドブック』にならい、陸に棲む貝のうち、殻をもつものをカタツムリとして表記するということにしたいと思う（図1‒3）。また、カタツムリとナメクジを合わせた場合は、陸貝と表記することにする。

すなわち、まとめると、次のようになる。

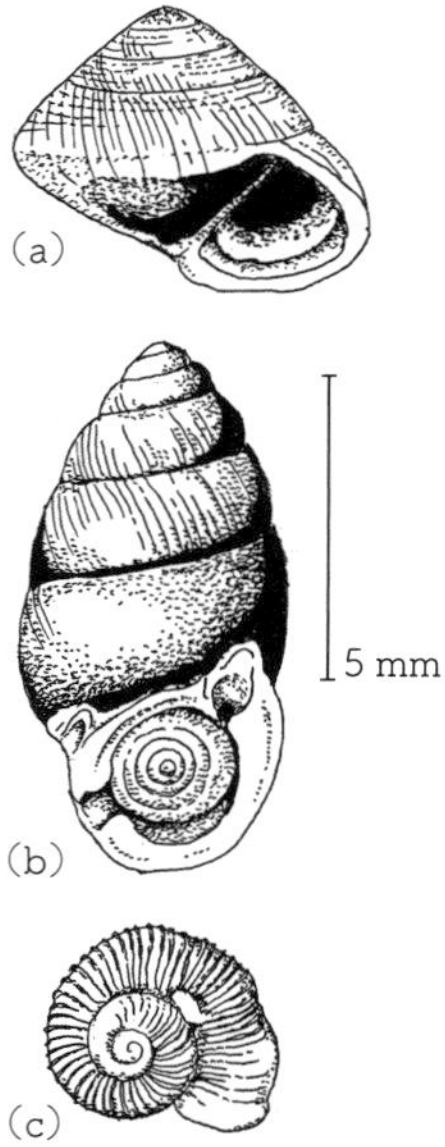

図 1‒3　有肺類以外のカタツムリいろいろ
(a)オキナワヤマキサゴ，(b)フナトウアズキガイ，(c)ムシオイガイ

陸貝
- 殻のないもの……ナメクジ
- 殻のあるもの……カタツムリ
  - 蓋のないもの……有肺類のカタツムリ
  - 蓋のあるもの……有肺類以外のカタツムリ

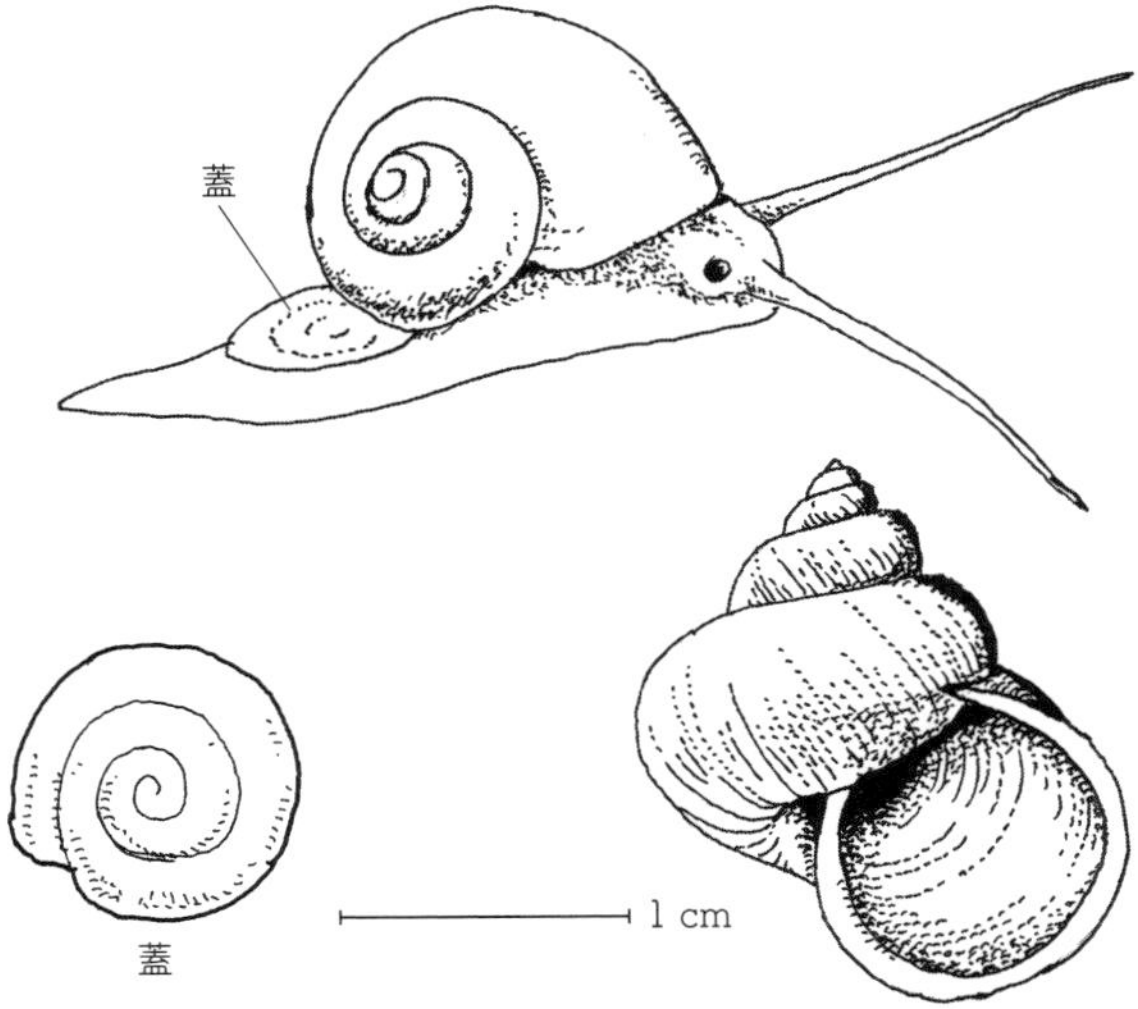

図 1–4　アオミオカタニシ

緑のカタツムリ

先に紹介した、学生とのカタツムリ談義の際、ナギサが「カタツムリに緑のいない？　あれはちょっとかわいい」と言ったので驚かされた。やり取りの内容からして、ナギサはカタツムリ嫌いだと思っていたからだ。しかし、どうやら「緑のカタツムリ」だけは、ナギサにとって別物なのだ。確かに沖縄には、ナギサが言うように、アオミオカタニシという「緑のカタツムリ」がいる。私も大学生のときの初めての沖縄旅行で、この緑のカタツムリを見て、「こんなにきれいなカタツムリがいる」と、猛烈に感動した覚えがある（カバー書名上・図1–4）。先の愛香さんの学生アンケート調査の中でも、この種の名を書いた学生がいた。つまり、アオミオカタニシは、どうやら学生たちの認識の

中では「特別なカタツムリ」に区分されるもののようだ。学生たちの話を聞いてみると、その種名まては知らない場合が多いけれど、アオミオカタニシの存在を認識している者は少なからずいる。

では、アオミオカタニシは、陸貝の三つのグループのうちのどれにあたるのだろうか。

アオミオカタニシについて、地元ラジオ局の取材を受けたことがある。取材のきっかけは、リスナーが「緑のカタツムリ」を見つけて、「これって新種?」という投稿を番組あてにしたことだった。アオミオカタニシは、決して珍しい種類ではない。那覇市内でもまとまった森の残る末吉公園などに足をはこべば、普通に見ることができる。しかし、一般の人は普段、カタツムリの存在に気をつけてなどいないものだ。そのため、それまでたまたま「緑のカタツムリ」の存在に気づくことなく過ごし、あるとき偶然、それが目に入って「初めて見た=新種?」という勘違いをしたというわけだ。アオミオカタニシは、殻が緑色をしているわけではない。殻は半透明で、内部の緑色をしている内臓が透けて見えている。つまり、死んで殻だけになると、白くなってしまう。取材に来たアナウンサーは、「カタツムリなのに、タニシという名前なんですか?」という質問も私に投げかけたけれど、アオミオカタニシは、陸貝の三分類でいうと、蓋のある、新生腹足類に属している。アオミオカタニシは、蓋のないカタツムリよりは、淡水に棲むタニシに近い仲間の貝なのである。

アオミオカタニシは、沖縄島以南でしか見ることができない。逆に、ヤマトで「デンデンムシムシ、カタツムリ〜」と歌われる、カタツムリの代表的な存在である有肺類、オナジマイマイ科マイマイ属のカタツムリは、沖縄では見ることができない。そのかわり、同サイズのカタツムリとして、有肺類のナンバンマイマイ科ニッポンマイマイ属のシュリマイマイなどが普通にいる。カタツムリはこんなふうに、地域によって見られる種類に違いがある。

足元のカタツムリ

例えば、自宅の庭に、どんなカタツムリがいるかを気にして見たことがあるだろうか？

沖縄移住後、私の実家（千葉県館山市）の庭を調べてみたところ、ミスジマイマイ、ナミギセル、ヒカリギセル、トクサオカチョウジガイ、コハクオナジマイマイが棲んでいた（図1-5）。また、埼玉県の教員時代に居住していた、雑木林に隣接する家（埼玉県飯能市）の、半日陰の猫の額ほどの広さの庭で、同じようにカタツムリを調べてみたことがある。この庭からは、ミスジマイマイ、ウスカワマイマイ、オナジマイマイ、ベッコウマイマイの一種、キビガイの一種、パツラマイマイ、オカチョウジガイ、ホソオカチョウジガイ、と八種のカタツムリを見つけることができた。

今、私が住んでいるのは、

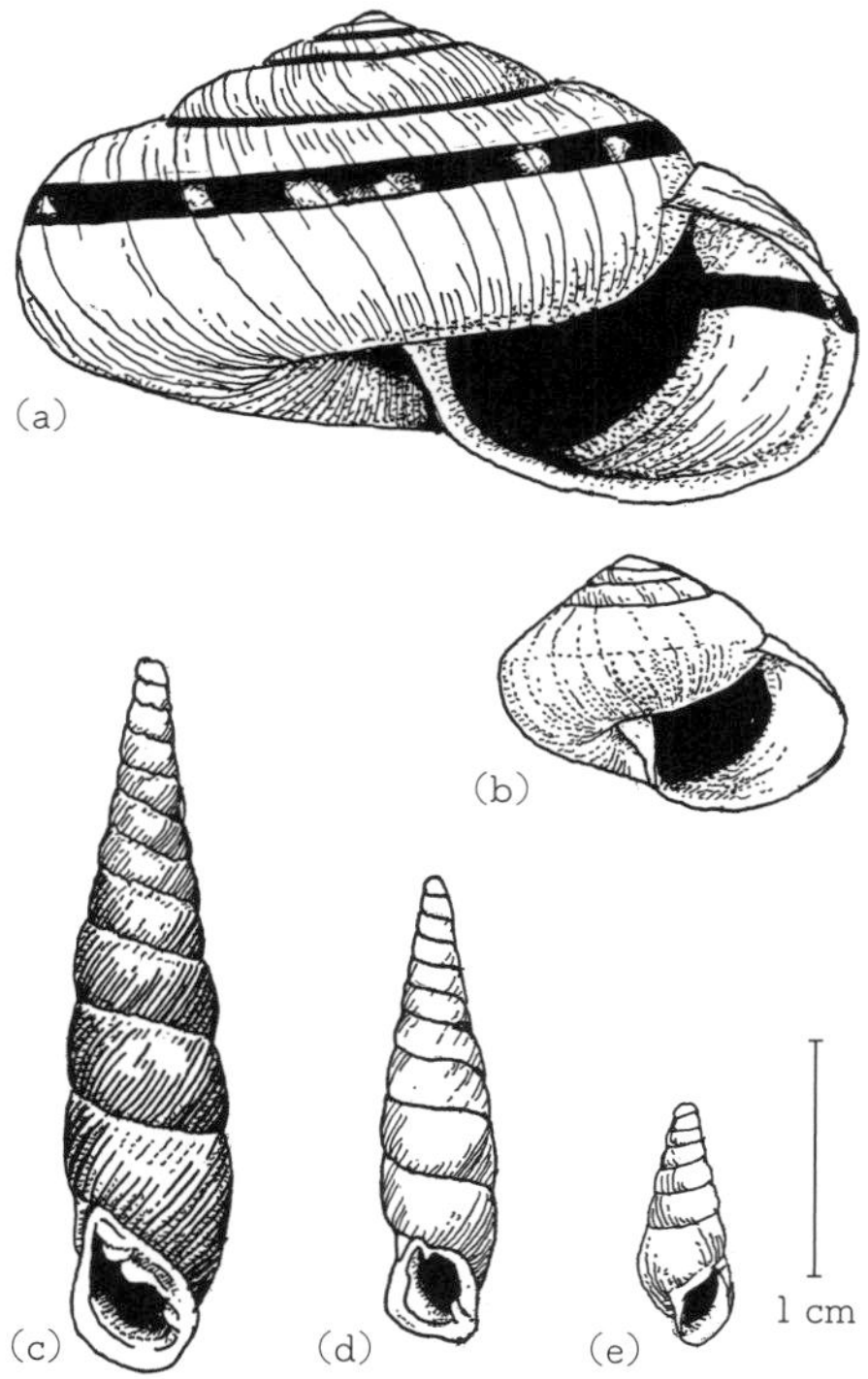

図 1-5　実家（千葉県館山市）の庭のカタツムリ
(a)ミスジマイマイ，(b)コハクオナジマイマイ，(c)ナミギセル，(d)ヒカリギセル，(e)トクサオカチョウジガイ

那覇の街中のマンションの七階であるけれど、ベランダには、やはりカタツムリが棲んでいる。一番多いのはノミギセルで、プランターの下にいる。オキナワウスカワマイマイも少数ながら見られ、ベランダ以外にも廊下の壁にくっついていたりする。このほかに、ベランダで見つけたことのあるカタツムリはオカチョウジガイの一種、ヒメコハクガイ、アジアベッコウ、オカモノアラガイの一種、オナジマイマイがあるけれど、これらは一時的に見られただけで、その後、姿を消したものたちである。

私の勤務校である沖縄大学は街中にあり、敷地も狭いため、構内にはカタツムリが好んで暮らす草地や樹林地はほとんどない。それでも探してみると、アフリカマイマイを筆頭に、シュリマイマイ、オキナワウスカワマイマイ、オナジマイマイ、オキナワヤマタニシがすぐに目に入る。ほかにも、ウスイロオカチグサ、オカチョウジガイの一種、アジアベッコウ、ヒメコハクガイ、ナハキビと、合わ

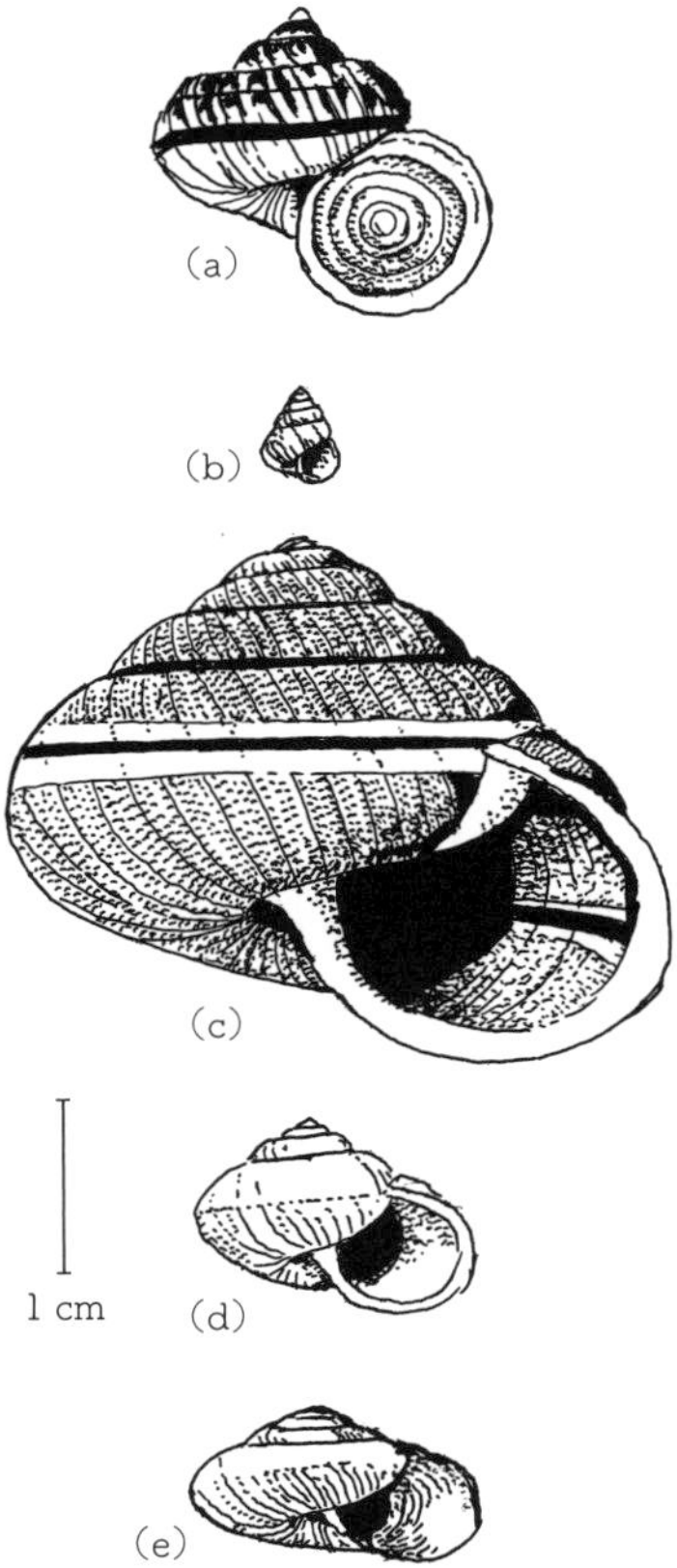

図 1-6　沖縄大学構内のカタツムリ
(a)オキナワヤマタニシ，(b)ウスイロオカチグサ，(c)シュリマイマイ，(d)オナジマイマイ，(e)アジアベッコウ

せて一〇種のカタツムリが確認できた(図1－6)。

なお、大学によっては、かなり広い敷地があったり、樹林地があったりする場合もあるだろうから、全国の大学で、構内に見られるカタツムリを比較したら、沖縄大学のカタツムリの種数は少ないほうになるのではないか。一例をあげると、岡山大学津島キャンパスでは、四三種確認されているという(「軟体動物多様性学会公式Twitter」による)。

先に書いたように、こうした個々のカタツムリの種類について、学生を含め、一般の人々はあまり気を払わない。ただし、このように、私たちの足元にも、さまざまなカタツムリたちが暮らしているのである。

沖縄大学内のカタツムリ一〇種の名を先にあげたが、そのうち、オキナワヤマタニシとウスイロオカチグサが、蓋のあるカタツムリ(有肺類以外のカタツムリ)だ。また、オキナワヤマタニシは個体数が多く、大学構内ではオキナワウスカワマイマイと並んで、ごく普通に目にすることのできるカタツムリである。ところが、ゼミ生を相手にカタツムリの話をしてみると、「蓋のあるカタツムリなんて見たことない」という答えが返ってきたりする。「カタツムリ、まじまじ見たことないから」というのが、学生たちの言い分である。

では、どんな種類のカタツムリが、どのくらいいるのか。那覇市内に残された、まとまった緑地である末吉公園で調べてみることにした。公園内の森の中で、一メートル四方の枠を地面に置き、その枠内に、

表1－3 末吉公園の森の1 m^{2}の囲枠内で見つけたカタツムリの種類と数(個)

オキナワヤマタニシ	453
シュリマイマイ	7
パンダナマイマイ	6
オキナワウスカワマイマイ	2
オキナワヤマタカマイマイ	1
アオミオカタニシ	1
アフリカマイマイ	1

いったいいくつのカタツムリが見つかるのかを数えてみる。このときは、生きているものも、死んで殻だけになっているものも区別せずに、すべての個体を数えた。結果は表1–3のようだ。

末吉公園、つまりは沖縄島中南部の石灰岩地の森に、カタツムリがどれほどたくさん見られるかがわかると思う。そして、蓋のあるカタツムリであるヤマタニシが、これまた非常に多く見られることもわかる。それでも「蓋のあるカタツムリなんて見たことない」と言う学生がいるわけであるけれど。

カタツムリに関する一般的な認識と、カタツムリがどのような生き物であるかについて、おおまかに見たところで、次章からカタツムリと人との関わりの事例について見ていくことにする。

第二章　ヤマトにおけるカタツムリと人

柳田國男「方言周圏説」

カタツムリには、全国各地にさまざまな地方名がある（あった）。

江戸時代の本草書である『本草綱目啓蒙』を見てみることにする。『本草綱目啓蒙』の「蝸牛」とは、カタツムリのことである。この項には、その当時の各地におけるカタツムリの呼び名が紹介されている。まずあげられている名が「カタツブリ（古名）」である。つづいて、各地の地方名が紹介されている。江戸ではマイマイツブリ、京都ではデデムシというとあるほか、仙台ではヘビノテマクラ、讃州（徳島県）ではデンデンムシ、石州（鳥取県）ではモウイ、琉球ではツンナンと呼ぶなどとある。

カタツムリには、「デンデンムシ」や「マイマイ」といった異名があるけれど、これらはいずれも江戸時代から伝わる名前であるとともに、「カタツムリ」は一番古くから使われていた名称（古名カタツブリに由来）であることがわかる。なお、一六〇三年に本編が長崎で出版された、イエズス会による『日葡《にっぽ》辞書』においては、やはりカタツムリは「カタツブリ」の名で表記されている[1]ことも、このことを裏づける。また、『本草綱目啓蒙』によれば、江戸時代はデンデンムシ（デデムシ）とマイマイでは使われていた地域に違いがあったこともわかる。

カタツムリの地方名をより詳細に集め、一九三〇年に『蝸牛考』を著し、その中で「方言周圏説」を表明したのが柳田國男だ。柳田が集めたカタツムリの地方名を現在地とともに少し紹介してみよう。

・ツノダシミョミョ（富山県南礪市）
・ツノンデエロ（埼玉県熊谷市妻沼）
・ミャアミャア（岡山県総社市）
・カタツブレ（秋田市）
・カタカタ（奈良県十津川村）
・ヘビタマグリ（岩手県釜石市）
・ツグラメ（熊本県阿蘇郡）

見てわかるように、カタツムリには『本草綱目啓蒙』で紹介されている以上に、実に多様な地方名がある。柳田はこの多数の地方名を「デデムシ」系や「マイマイ」系などに整理し、それらのグループが互いにどのような関係にあるのかを推理した。その整理、推理の中から生み出されたのが方言周圏説だ。

方言周圏説を簡単に言い表せば「日本列島では、言葉が中央から四方に波紋のように広がったという仮説」である。[2] カタツムリでいえば、中央に位置する近畿地方には、一番新しく生まれた「デデムシ」という呼び名が見られ、より周辺の地域に、「マイマイ」や「カタツムリ」という、より古い呼び名が分布するということである。このような現象から「南北の両極において方言が一致する場合、それを中央における古層と見なしてよい。これによって、空間的な調査を通して歴史的に遡行することが可能になる」と柳田は考えた。[3] 柳田は『蝸牛考』の中で、「デデムシ」よりも「マイマイ」や「カタツムリ」が古い呼び方であると考えているが、『本草綱目啓蒙』の記述は、これと矛盾していない。

柳田の著作といえば、なんといっても東北地方の伝承を集めた『遠野物語』や、タカラガイを求めて、古代、中国大陸から人々が琉球列島に渡り、それとともにイネが伝来したのではないかという仮説をもとに記した『海上の道』が有名だ。柳田は、沖縄を旅し、沖縄を「発見」する。どういうことかといえば、沖縄と東北という「日本」の周縁に、古い「日本」が残されているという「発見」である。これにより、柳田は「一国民俗学」という学問体系を打ち立てる。[4] 方言周圏説も、この一国民俗学と不可分の仮説である。つまり、柳田は彼の考える「日本」の中に沖縄を取り込み、東北とともに「日本」の周縁と位置づける反面、北海道という、アイヌの土地は「日本」から切り捨てた。その「一国民俗学」という手法をもって、柳田は独自の史学――文章に残されていない事象から読み取れる史学、常民の史学――を打ち立てようとしたといわれている。[5]

柳田のおもわくには、これ以上、深入りしないが、柳田の学問にとって、カタツムリ（の地方名）は、きわめて重要なファクターであったわけだ。そして、柳田の試みのおかげで、多数のカタツムリの方言名が、『蝸牛考』の中に記録されることとなった。

蝸牛歌

カタツムリの地方名が豊富なのは、カタツムリがそれだけ人々の身近な存在であったからだ。ただ、そのときの「人々」というのは、主に子どもたちである。カタツムリの呼び名として、最も新しく生まれたとされる「デデムシ」や、それが変形した「デンデンムシ」という名も、子どもたちの遊び歌とともに生み出され、また広がっていったと考えられている。デンデンムシという呼び名は、子どもたちがカタツムリに向かって、「出て来い、出て来い」とはやしたのが元になっていると考えられているわけだ。このことに関して、柳田は、例えば、信州(長野県)に伝わる、「だいろだいろつのう出せ　角う出さなけりゃ　向山へもっていって　首ちょんぎるちょんぎる」というはやし歌を紹介している。

『蝸牛考』の中には、ほかにも子どもたちのはやし歌がいくつも紹介されている。例えば播州(兵庫県)では「でんでん虫出やれ、出な尻にやいと(お灸)すよ」という歌があり、紀州(和歌山県)では「でんでん虫虫、出にゃ尻つめろ」という歌があると紹介されている。カタツムリは人がちょっかいを出すと、殻の中に身を縮めてしまう。そうしておいて、カタツムリに殻から出るよう、歌いはやすという単純な遊びが、全国各地で見られたのだ。

こうしたカタツムリのはやし歌(蝸牛歌)について書かれた論考を読んでみる。それによると、全国から報告された多数の蝸牛歌は、カタツムリを殻から引き出すための呼びかけ方によって分類できるという。それを大別すると、「褒美を与える」と呼びかけるものと、「罰を与える」と呼びかけるものに分けられる。さらに細分すると、表2−1のように分類できるとある。[6]

例えば、「褒美を与える」に分類されるものとしては、青森県の「蝸牛《べこ》、蝸牛、角出せ、生味噌食せるあ」という歌が紹介されている。また、「罰を与える」もののうち、「家を潰すと脅す」に分類されるものとしては、秋田県の「かたつむり、めんめん、角出して見ひれ、んでねば、んでねば、んが家コつぶす、つぶす」という歌が、また、「権力で脅す」というのは、例えば水戸で歌われたという「でんでんむしむし、つの出せ、やり出せ、水戸さまの通りだ」といった歌が紹介されている。なお、「そのほか」に分類されているものには、宮崎県の「つんつん　つんぐら虫　どこ通る　金山屋敷のへり通る　もっとひねれ、扇をたため」といった、「褒美」や「脅し」に分けがたい歌もあったという。[7]

表2-1　カタツムリを殻から引き出すための呼びかけ方

褒美を与えるというもの	
罰を与えるというもの	家を潰すと脅す 火事だと脅す けんかがあると言う 首を切ると脅す へそをつつくと脅す 尻をつつくと脅す 食うと脅す 権力で脅す
そのほか	

カタツムリを見つけると歌を歌ったり、はやしたりして遊ぶというのは、各地から報告のある遊びであるわけだが、柳田が視野の外に置いたアイヌの人々にもこうした遊びはあった。[8] それによるとカタツムリは、前述のキナ・モコリリ(草にいる巻貝)のほかにも、セイエッポ(貝の子ども)、ケメチエドンペ(針を借りるもの)と呼ばれ、子どもたちはカタツムリを手のひらの上に乗せ、次のようにはやして遊んだという。

「ルイケム　ク　エドン(太い針　かせ)」
「アネケム　ク　エドン(細い針　かせ)」

アイヌの人々は、カタツムリの目や触角を針とたとえていたわけである。

カタツムリを食べる

先の蝸牛歌の区分の中に「食うと脅す」というものがある。[9]

「めーめーこーじ(蝸牛)やーこーじ、角を出せ、出さぬと云うト、奥山へ持ってって汁煮て食うぞ」(神奈川県)

「まいまい、まいまい、角出せ、槍出せ、頭出せ、煮ても焼いても食われんど」(静岡県)

このような歌だ。

カタツムリを食べるといえば、真っ先に頭に浮かぶのが、フランス料理のエスカルゴだろう。逆に、日本でカタツムリを食べていたという具体例は、なかなか思い浮かべられないのではないだろうか。

この点に関して、柳田國男の『蝸牛考』の中に、一つ気になる記述がある。それは伊予(愛媛県)の吉田町で、「一種食用に供せられる蝸牛だけを、シマツブリと呼んでいたそうである」という一文だ。ただし、『蝸牛考』は方言について書かれた本であるので、シマツブリがどんなカタツムリで、また、どのように食用としていたのかについての説明はない。

やはり柳田國男が関わっていた「炉辺叢書」の一冊、『相州内郷村話』と題された地域の民俗誌の中にも「蝸牛をメーメーコーヂと云う。角を出させようとして促す歌がある。蝸牛の中には食べられるものもある」という一文がある。[10] これからすると、カタツムリ食は「食べられるものもある」といった、例外的な事例であったように読める。

また、『壱岐島民俗誌』の中においても、島の食事を紹介する章の中にカタツムリは登場しない。しかし、島の動物を紹介する章の中で、カタツムリについて「ツブラメと云い、つけ焼にして食うともいう」と紹介されている。[11] この紹介のされ方も、カタツムリが日常的、普遍的に食べられていたわけではなく、例外的に食べられることもあった程度であったことを思わせる。

豊橋市自然史博物館の特別企画展の展示解説書『はてな？ なるほど！ ザ・カタツムリ』には、新潟県十日町市松山では、ヒダリマキマイマイを囲炉裏で焼いて食べたという記述がある。[12] ただ、どれだけ日常的に食べられていたのかは不明である。

このように、ヤマト全体を見渡しても、カタツムリを日常食として食べる食文化は、ほぼ見られなかったといっていいように思う。食用とした例があっても、例外的に食していた個人がいるという場合や、薬として服用したという話がほとんどではないだろうか。

薬用としてのカタツムリ

先に、江戸時代に書かれた食物百科である『本朝食鑑』に、ナメクジについての記載があることを紹介した（一五ページ）。『本朝食鑑』によると、炙《あぶ》ったナメクジを小児の薬とし、よく疳《かん》の虫を殺すとある。また水腫や便秘を治すともある。同じく江戸時代の百科事典である『和漢三才図会』には、カタツムリは「小便の通じないのを治す」「脱肛を治す」とあり、またナメクジは生のまま搗《つ》いてつぶしたものを、ムカデにかまれたときに塗ると痛みを止めるとある。[13] さらには、江戸時代の本草書である貝原益軒《かいばらえきけん》の『大和本草《やまとほんぞう》』にも、ナメクジやカタツムリをすりつぶしたものはムカデによる咬傷の痛み止めに効くとある。[14]

民間薬としての使用例も見てみよう。東北ではカタツムリを黒焼きにして黒砂糖とあえたものを痔の薬にするという。[15] また、Twitterを通じて、一九五三年に愛媛県に生まれたという方から「子どものころ、夜尿症の薬として、デンデンムシの黒焼きを食べさせられたことがあります」という情報もいただいた。

先に紹介した『壱岐島民俗誌』の中には、カタツムリは子どもの薬にされることがあるということと、ナメクジはヘビにかまれたときに這わせるとよいといわれていることが紹介されている。後者の利用法は、薬というよりも、まじない的なものだろう。

埼玉県秩父郡吉田町大波見には、道陸神様と呼ばれる耳の神様がまつられていて、この神様には、カタツムリに関わる伝承が知られている。この神様を拝むと耳の病気が治るといわれている。また、耳の病気にかかることがないともいう。

「道陸神様は、穴の空いたものをとても好むという。このため、当地方ではデエロウというカタツムリの殻を、糸につるべて供えている。カタツムリがないときは、穴の空いた河原の石でもよい。糸には、供える人の年齢と同じ数だけつるべる。耳の病気が治ったあかつきには、お礼にこれと同じものを供えた」[16]

ただし、これも薬用というよりは、カタツムリの呪術的な利用といえる。

キセルガイの仲間の利用

東北地方では、カンニャボと呼ぶ、キセルガイの仲間の薬用利用が知られている。キセルガイは、カタツムリの仲間であるが、一般のカタツムリと異なり細長い左巻きの殻をもつ(図2–1)。キセルガイはキセルガイ科に属していて、陸産貝類の中でも特異なグループとされ、世界で約二〇〇〇種(亜種)ほど知られている。しかし研究者によっては三五〇〇種(亜種)とすることもあり、その実態の把握が難しい[17]。キセルガイの仲間は、主にヨーロッパ区、アジア区、南アメリカ区の三地域に限って分布し、それぞれの地域は分断されて連続していない。例えば、北アメリカには、キセルガイの仲間はまったく見られない。また、イングランドで見られるキセルガイは六種のみにすぎないが、日本では狭い国土から一九二種(亜種)ものキセルガイの仲間が見つかっていて「世界的に豊富といっても過言ではない」という[18]。

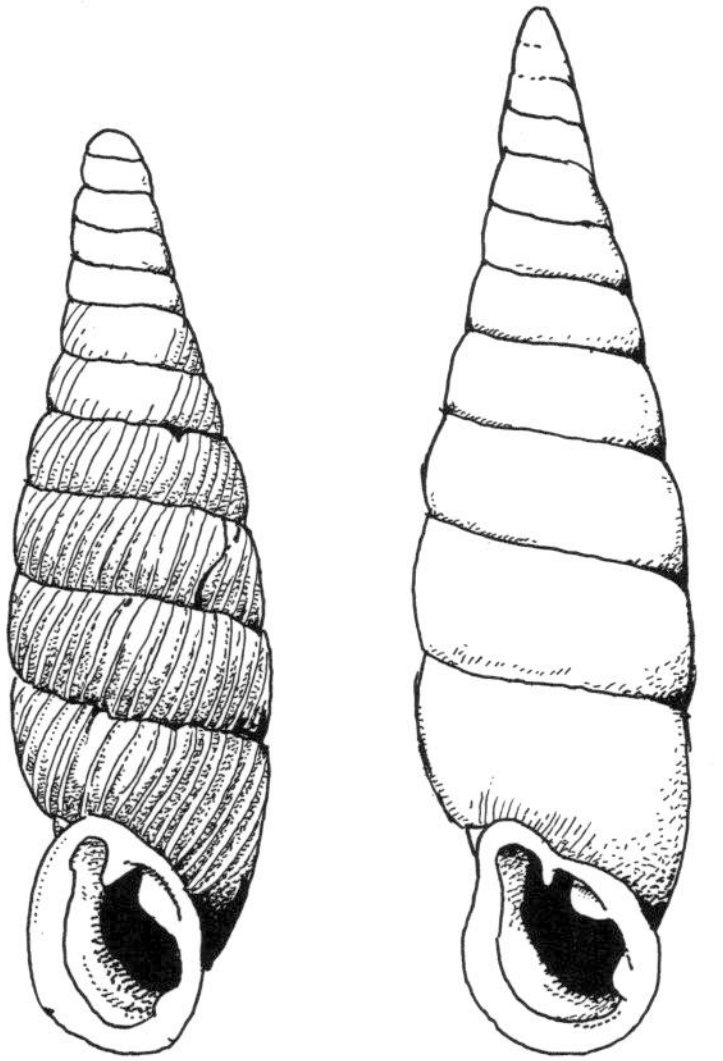

図 2–1 キセルガイの仲間
ミカワギセル(左, 20 mm)とカタギセル(右, 22 mm)

福島県の養蚕試験場に勤務していた知人のもとを訪れ、クワ畑の新たな活用法として試験的になされている、カンニャボの飼育を見学させてもらったことがある。クワの枝を飼料として飼育されていたのはヒカリギセルという種類であった。カンニャボは「もともと、農家の人が採って、乾燥して粉にして飲んでいたもの」という、地域に伝わる伝統薬である。「肝臓に効く」といわれており、有効成分はカルシウムとタウリンであるという話も聞いた。

静岡県湖西市(旧新居町)では、一九四〇年ごろまで、キセルガイをヤブゴウナイと呼び、煎じて夜尿症の薬としたという話が報告されている[19]。

東京都府中市の大國魂神社のイチョウの木に棲息しているキセルガイは、乳の出をよくする薬とされたという話が伝わっている。大國魂神社のホームページには、神社にまつわる七不思議の一つとして「大銀杏の蜷貝」の話を以下のように紹介している[20]。

「本殿裏に樹齢およそ一〇〇〇年と伝えられる銀杏の大木があります。この大銀杏の根元には、蜷貝が生息していて、産婦の乳がでないときに、この蜷貝をせんじて飲むと乳の出が良くなると言われました。近年は、手を合わせると産後の肥立ちがよくなると言われています」

この大國魂神社の場合は、先の道陸神様の例と同じく、乳の出をよくするために、呪術的な力を借りるというものだ。

壱岐島でも、歯痛のときには、患部を山の湿地に棲むキセルガイの尻でつつくとよくなるといっていた[21]というが、これもまじないとしての利用の一例である。キセルガイが歯痛を治すという言い伝えは、福岡県みやこ町の生立八幡宮にも伝わっている。みやこ町のホームページに記載されている「生立八幡宮の大楠」と題された文章を以下に引いてみる[22]。

「神功皇后が三韓出兵から凱旋の途中この地に立ち寄り、軍船に貼り付いて皇后軍を守った「蜷貝(にながい)」を自らこの楠に放し、木の守り神としたというものです。以来この木は神社第一の神木とされる一方、蜷貝は先の逸話とともに、皇后自らお持ちになられた霊験あらたかな貝として尊ばれ、とりわけ歯の痛むときは、患部にあてたり噛んだりするとたちどころに痛みが直るという「まじないの物実（ものざね）＝神様の力がやどる事物」として大切にされるようになりました」

直接、病気を治すということではないが、キセルガイを旅のお守りとして使用したという事例もある。キセルガイの生命力の強さにあやかり、神社の樹木に棲息しているキセルガイを道中安全のお守りにしたというもので、旅の間キセルガイを肌身につけ、無事に帰郷したときに、元の樹木に戻したという。これは山口県下関一の宮の住吉神社のほか、同じく山口県下のいくつかの神社で知られている風習である。[23]

夜泣きの貝

キセルガイの仲間は地面の落ち葉の下や倒木上などで暮らす地表性の種類のほかに、木の幹の上で生活をしている樹上性の種類もある。熊本では、子どもの夜泣きがひどいときには、神社の境内の樹木についているキセルガイを持ち帰る風習があった。これは夜泣きの子どもの枕の下にキセルガイを忍ばせ、夜泣きが収まると、元の樹木へ戻すというもので、やはり呪術的なカタツムリの利用だ。

熊本駅から歩いて三〇分ほどの距離にある日吉神社の境内にある看板には、「夜泣貝」と題して、以下のような文章が書かれている。

「本社境内の古木の間に棲息　小児の夜泣の止まない時は夜泣貝を小児の枕頭に置くと奇妙に泣き止むと伝えられている、現在も各地より話を伝え聞き御婦人の参拝も多くその奇効は理外の理として疑う余地はありません、尚この夜泣貝は小児の夜泣が止んだ後、もとの木に返すことになっている」

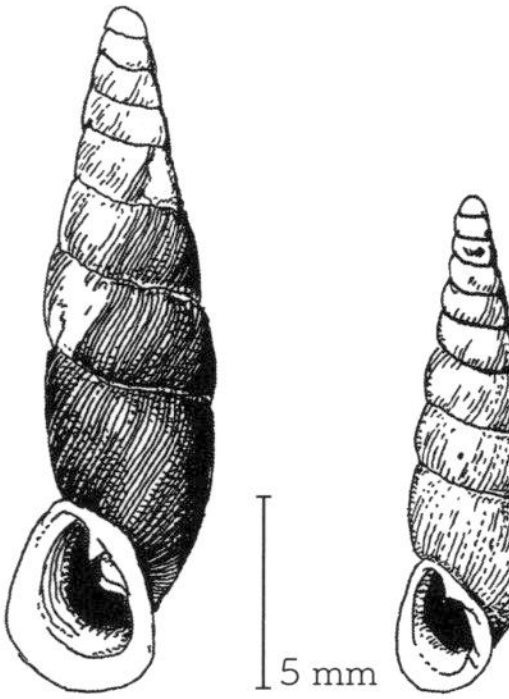

図 2–2 「夜泣きの貝」
シイボルトコギセル(左)とキュウシュウナミコギセル(右)

実際に熊本市に足を運び、神社を訪れてみた。日吉神社は、白川の堤防を背にした、ごく小さな神社である。境内にもそうたくさんの樹木が植えられているわけではない。看板が立てられているのは、五メートルほどの高さで幹の折れているムクノキの大木のわきで、このムクノキが「夜泣きの貝」が棲む木である。神社を訪れたのが晴れた日中であったことから、樹幹にはキセルガイの姿は見えなかったが、木の下の地面をよく見ると、殻がいくつもころがっていた。ここで見られたキセルガイは、キュウシュウナミコギセルと、それより一回り大型のシイボルトコギセル(図2–2)で、キュウシュウナミコギセルのほうが目にした数は多かった。

同じく熊本市内にある弓削《ゆげ》神宮も訪れてみた。弓削神宮は、熊本駅から豊肥本線に二〇分ほど乗った先の武蔵塚駅から徒歩三〇分ほどにある、やはり川沿いの立地に建てられている神社である(図2–3)。日吉神社よりも樹木は多く、その中でひときわ目立つのが、境内の大イチョウであり、そのイチョウの木のわきに、以下のような文言の書かれた看板が立てられている。

「祭神が子授けの神と言われるように子供の成育には格別の神慮を賜わっておられます。この大銀杏の皮目の凹所に「カタツムリ」に似た細長い「夜泣き貝」と言う貝が棲息しています　毎夜眠れず泣き叫んで母親をはじめ家族を困らせる乳子の夜泣きを静める為祭神よりこの貝を借り受けて持ち帰り乳子の枕の下にソッと入れて置くと霊験により夜泣きが不思議にも止まります。完全に夜泣きがおさまったら、この貝を元の凹所に返へすことになっています」

今も「御加護を受けたい」と貝を借りにくる人が多いという。私が訪れたとき、イチョウの木の下に転がっていたのはシイボルトコギセルばかりであった。ただし境内の端に面したスギの樹林下を見ると、キュウシュウナミコギセルも見ることができた（ほかにウスカワマイマイやオカチョウジガイの仲間、移入種であるソメワケギセルなどのカタツムリも目にとまった）。

さらに熊本駅から鹿児島本線に乗って三駅目にある富合駅から、田んぼの中の道を一時間半ほど歩いた先にある宮地神社（七所宮）も訪れてみた。宮地神社の境内には、町指定天然記念物と書かれた杭がわきに立つ大きなクスノキ（杭の表示によれば樹高三〇メートル、根回り六・一メートル）がある。境内に立てられている神社の由緒を説明している看板の最後に「寓話　七所宮の夜なき貝」と題され、以下の文言が書かれている。

図 2–3　弓削神宮

「雨の降る日に境内の楠に現れる小さな巻貝を子供の枕の下に敷くと夜泣きが止むと言う」

宮地神社のクスノキの下に落ちていたのは、シイボルトコギセルだった。

今のところ現地を訪れることはできていないが、熊本県内のほかの神社にも、同様の夜泣きの貝に関する伝承を伝える看板があることを、ネット等を通じて見ることができる。

例えば熊本県・山鹿市の松尾神社には、以下のように書かれた看板がある。

「この森にある楠木には夜泣貝が数多くすみついており、夜泣をする赤ちゃんの枕に入れて寝かせると夜泣きが治まるという言い伝えがある。治ったら、貝を元の楠木に返して、お礼参りをする」

また、熊本県阿蘇郡・南阿蘇村(旧久木野村)にも次のような伝承があることが文献から見て取れる。

「西の宮神社の吉祥寺に、かやの木があり、その木にむした苔が貝になった。そこへ夜泣きする赤ん坊を連れて行って、そこの神宮に願い出て、三晩、その貝を借りて、その子の枕の下においてやすませると、夜泣きが止むという。この貝は、夜泣きが止んでも止まなくても返さなければならない」[24]

熊本県玉名市の永徳寺集落内にある、ダメッサンと呼ばれる小さな祠の石垣につくキュウシュウナミコギセルも夜泣きを治めるといわれていて、地域ではこのキセルガイのことを「ダメッサンの夜泣きホウジャ(細長い巻貝をホウジャと呼んでいる)」と呼ぶという。[25] 熊本県氷川町(旧宮原町)の熊野座神社では、シイボルトコギセルをナッギャと呼び、夜泣きを治すのに用いたという。[26] また、熊本県球磨《くま》村の場合は、子どもが夜泣きをすると、ナケベスギャと呼ぶ、阿蘇宮の境内のイチョウのキセルガイ(ギュリキギセル、シイボルトコギセル)を小さな袋の中に入れ、子どもの首の後ろにくくりつけたり、吊り下げたりしたという。[27]

信仰の対象

柳田國男の『遠野物語』にも、キセルガイをめぐる伝承が登場する。

「狩人は山幸の呪《まじない》にオコゼを秘持している。オコゼは南の方の海でとれる小魚で、はなはだ珍重なものであるから、手に入れるのはすこぶる難しい。これと反対に漁夫は山オコゼというものを秘蔵する。山野の湿地に自生する小貝を用い、これは長さ一寸ばかり、煙管《きせる》のタンポの形に似た細長い貝で、巻き方は左巻きであったかと思う。これを持っていると、漁に利き目があるといって、珍重するものである[28]」

オコゼは一般の魚に比べるとグロテスクな外見をしている。このオコゼの干物を懐中に忍ばせ、猟をする際、もし獲物を首尾よく与えてくれればオコゼを見せましょう、と山の神に願うと、山の神はオコゼが見たいばかりに獲物を与えてくれる（しかし、猟師は、オコゼをなんとしても見せないようにし、さらに山の神の好奇心をそそるようにする）という伝承が知られている。柳田國男や、同時代の博物学者である南方熊楠《みなかたくまぐす》は、この伝承に興味をもち、この伝承にまつわる文章を書きおろしている。そして山の神に対するオコゼと同様の役割をはたすものが、海の神に対してのキセルガイである。

南方熊楠は、和歌山県でキセルガイが「山オコゼ」と呼ばれていることを一九一四年四月二二日の日誌に記している。それによると下芳養村の漁師が一人、熊楠のもとを訪れ、山オコゼをほしいと相談したのだという。熊楠がどのようなものかと問うと、「北向きの山陰のシデの木などに付く、長さ一寸ばかりの小さな貝で、殻が薄いものだ」と、その漁師は説明した。さらに、彼の村にこの山オコゼを持っている者が実際にいて、その者は常に漁獲があるのだという。またその者は山オコゼを袋に入れて首にかけ、人には見せないとも説明したという[29]。

一九〇七年岩手県釜石生まれの話者（漁師）による、山にいるツブ（巻貝）が漁をもたらす宝物で、そのツブは泡を吹いているものだという話を紹介している文献もある。[30] 山にいるツブというのは、キセルガイのことだろう。ただし釜石の漁師にとっての「山オコゼ」は、ツブだけではなく、モズの早にえの蛙、ヘビの抜けがらなどもあり、岩手県大槌の漁師にとってはサンショウウオ、イモリ、トカゲ、カナヘビなどであるという。[31] このように、必ずしも漁師にとっての「山オコゼ」(ただし大槌ではオクチコと呼ぶ)がキセルガイとは限らない。

以上見てきたように、ヤマトでは、カタツムリの中でも特にキセルガイに関する薬用やお守り、呪物としての利用がさまざまに見られる。

ここまで、ヤマトにおける、カタツムリの呼び名、子どもの遊び、食用、薬用や信仰といった、人とのさまざまな関わりを見てきた。続いて、琉球列島におけるカタツムリと人との関わりについて見ていくことにしたい。

第三章　琉球列島における呼び名と遊び

琉球列島でのカタツムリの呼び名

前章で見たように、カタツムリには地方によってさまざまな呼び名があった。琉球列島の島々にも、かつては島ごとに固有のカタツムリの呼称があった。『蝸牛考』に紹介されている呼称を見てみよう。[1]柳田國男は、琉球列島におけるカタツムリの呼称に、まず、大きく「チンナン」と呼ぶ系統と、「チダミ・ツダミ」と呼ぶ系統があるとしている（表3−1）。

柳田は、これら琉球列島におけるカタツムリの地方名が、それぞれどのような由来なのかについて、解読を試みている。柳田によれば、沖縄諸島と、八重山諸島、宮古諸島において、それぞれ別個の由来をもっているという。それを、箇条書きに整理して紹介してみる。

沖縄諸島の呼称

・沖縄諸島の「チンナン」という呼称の元となっているのは、「ツブラ」「ツグラ」という呼称である。

・カタツムリの、古い呼び方であるカタツブリの「ツブリ」は、壺のツボと語源が同じで、丸い形

表 3-1 『蝸牛考』に紹介されているカタツムリの呼称

チンナン系	チンナン	首里那覇及び周囲
	チンナミ，チンナンモォ	沖縄本島名護
	チンニャマァ	奄美大島北部
	チンダリ	奄美大島大和村
	チンダリイ，チンニャマ	奄美大島古仁屋
	チンダル	加計呂麻島各地
	チンタイ	沖永良部島
	ツンミャァウ	喜界島
チダミ・ツダミ系	チダミ，ツダミ	石垣島
	チンダミ	小浜島
	チッヅァン	西表島
	シダミ	黒島・与那国島
	シタミ	波照間島

状のもの、とぐろを巻きあげたものを呼ぶ「ツブラ」に由来する。

・この系統の言葉として、ツグラという円筒形の入れ物を指す言葉があり、カタツムリのことも、九州でツグラメやツンナメと呼ぶ地域がある。

・ツブラやツグラ系のカタツムリの呼称はマイマイ系やカタツムリ系よりも古い呼称であり、だからこそ、周縁にあたる九州にこの呼称が残存している。

八重山諸島の呼称

・八重山諸島のチダミやツダミは、貝の仲間を指す古語の「シタダミ」が伝わり、変容したのではないかと考えられる。

・八重山諸島のシタダミに由来する呼称は、九州、沖縄のツブラ・ツグラに由来する呼称よりもさらに古い系統の呼称と考えられ、だからこそ、より周縁地域で見られる（やはり周縁地域にあたる八丈島でも、カタツムリをヤマシタダミと呼んでいる）。

宮古諸島の呼称

・宮古諸島にはンムゥナという呼称（ムーナとも表記される）がある。これはどうやら貝を表す「ミナ」に由来すると考えられる。

徳之島におけるカタツムリの呼び名

カタツムリはこのように、琉球列島では島ごとに異なった呼び名で呼ばれてきた。さらに、同じ島の中でも、呼び名がさまざまである場合がある。鹿児島県奄美群島の島、徳之島の各集落におけるカタツムリやナメクジ（参考としてタニシも）の呼び名は表3–2のようである。

徳之島の亀津で、タニシを呼ぶタンニャーは、「田のニャー」という意味だ。カタツムリをチンニャーと呼ぶのは「地のニャー」の意味だとされている。「ニャー」とは「ミナ（ニナ）」のことである。柳田は、沖縄のチンナンという呼称はツブラ・ツグラに由来すると考えたが、チンニャーが「地のミナ」を意味するなら、再考する必要があるかもしれない。

表 3–2　徳之島の集落ごとのカタツムリ・ナメクジ・タニシの呼び名

集落名		呼び名
手々	カタツムリ	チンナンデラ
	ナメクジ	ハダナイチンタラ
母間	カタツムリ	チンミャーまたはチンミャ
	ナメクジ	グナンタクジラ
亀津	カタツムリ	チンニャー
	ナメクジ	ナンタクジラ
	タニシ	タンニャー
当部	カタツムリ	チンヤンデラ
	ナメクジ	ユダラ（唾液の意味）
	タニシ	タンニヤ
伊仙	カタツムリ	ツィンニャ
	ナメクジ	ユダリムシ

＊徳之島虹の会・見延睦美さんの調査による

琉球列島の蝸牛歌

ヤマトでは、カタツムリの地方名が多様なことには子どもたちの遊びが関わっていた。琉球列島においても、カタツムリにまつわる遊び歌（蝸牛歌）が、各地に伝わっている。

種子島では、カタツムリはツンナメやツンナメジヨウと呼び、以下のような蝸牛歌がある。[2]

つんなめじよう　つんなめじよう
やっさいもっさい　どけえおじゃり申す〔どこへ行くのか〕
つんなめじよう

この歌は、表2-1の蝸牛歌の分類によれば、「そのほか」に分類されるものだろう。

奄美大島でも、カタツムリを見つけると、歌いながら遊んだという話を紹介する本もある。ツィンミャギョトゥリ（カタツムリ採り）と名付けられていた遊びで、カタツムリを見つけると細い竹やススキの茎の上を這わせながら歌うというものである（遊んだあとのカタツムリは豚のエサにしたともある）。この遊びのときに歌われるのは、以下のような歌だ。[3]

ツィンミャンギョー　かたつむり
ツィンミャンギョー　かたつむり
イージルィ　ジールィ　出て来い　来い
イージランダーラバヤ　出て来ないと
ヤーヤヌ　フッシュグヮン　家々の爺さんに
カーターティ　語って（告げての意。言いつけること）

ミミヌ　ハーナー　　　　　　　　　耳の先を
シューガソヰ　シューガソヰ　　たたかせようか　たたかせようか

この歌は、先の蝸牛歌の分類にならうと、「罰を与えるというもの」に分類できるが、「耳の先をたたく」というのは、ヤマトの蝸牛歌では見られなかった脅し方である。

同一地域内での呼び分け

地域ごとのカタツムリの呼称の多様さは興味深い。が、ここであらためて取り上げてみたいのは、同一地域内で、カタツムリに複数の呼称がある例だ。現代の学生たちはカタツムリを、アフリカマイマイやナメクジを別にすると、ほとんどひとまとめに「カタツムリ」と認識している。しかし、同一地域において、カタツムリの仲間に複数の呼称があるとしたら、カタツムリの見分けをしていたということであり、それはまた、何らかの理由があったということにもなる。

ここでもう一度、江戸時代の本草書である『本草綱目啓蒙』の記述を見てみることにする。『本草綱目啓蒙』には、琉球では、次のように殻の形状によってカタツムリの呼び分けがなされていると書かれている。

・ツンナン　殻が丸い
・ヒラツンナン　形が平たい

・バフツンナン　殻が厚い
・フタツンナン　殻が厚く、先端が尖り、蓋がある

『本草綱目啓蒙』の著者である小野蘭山は京都出身で、のちに江戸に移り著作しているので、これらの呼称は自身で採集したものではなく、伝聞によるものだろう。どこまで正確に、当時の沖縄、すなわち琉球王国時代の現地で実際に使用されていた呼称かわからない。ただし、簡潔ながら要を得ている記述からすると、ツンナンはオキナワウスカワマイマイ、ヒラツンナンはパンダナマイマイ(図3–1)、バフツンナンはシュリマイマイと思われ、フタツンナンはオキナワヤマタニシであると考えられる。ちゃんと、蓋のあるなしを認識し、区別していたというのが興味深い点だ。このように、どこまで正確な記録か不明な点はあるものの、琉球王国時代には、カタツムリに対して、今の学生たちの認識よりも詳しい呼び分けがなされていた可能性がある。

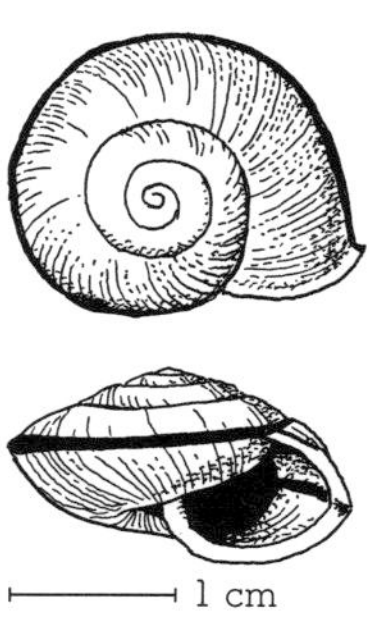

図 3–1　パンダナマイマイ

ちなみに、沖縄県のレッドデータブックのホームページ内の陸貝に関するトピック(久保弘文執筆)には、沖縄のカタツムリを呼び表す地方名として、ヤマタニシ類に「ふたぐゎちんなん」、シュリマイマイに「はぶちんなん」という呼称があることが紹介されている。[4] すなわち、沖縄では、やはりアフリカマイマイやナメクジ以外のカタツムリを、伝統的にいくつかに区分けして認知し、呼び名をつけていたことが、ここにも表れている。

琉球列島において、カタツムリの種類を呼び分けていたというのは、それだけカタツムリに対して

の人々の関心が深いことを表すだろう。その理由を探ることにしたい。

カタツムリの墓

柳田國男は一九二一年、石垣島を訪れているが、その際、見聞した記録を、『蝸牛考』の中で次のように紹介している。

「蛇と蝸牛との関係には、何かまだ我々の心付かぬものがあるようである。八重山の石垣島には真《ま》乙姥《いつば》の墓という石棺が露出した処があるが、土地ではこれをまたツダミバカ（蝸牛塚）ともいって、石の下にはこの貝の殻がいっぱい入っている。蛇が蝸牛をくわえてこの中に出入りするのを常に見るということであった」[5]

石垣島、西表島にはカタツムリを食べるイワサキセダカヘビと呼ばれるヘビがいる。このヘビは、カタツムリには右巻きの種類が多いことから、そのような貝から中身を抜き取るのに都合のよいよう、左右非対称となった下あごを器用に使い、カタツムリの殻から中身だけを抜き取って食べる（図3-2）。一方、これらの島に棲むカタツムリの中には、カタツムリ食のヘビに対抗するように、左巻きになったり（ヘビは左巻きのカタツムリをうまく捕食することができない）、殻の口にヘビの捕食をじゃますするような構造ができたり、ヘビに軟体部の一部を捕食されても再生できるようになったり、といった対抗手段が発達しているものも見られることがわかっている。[6] だから、柳田が聞き取った「蛇が蝸牛をくわえて」という

図3-2　イワサキセダカヘビ

のは、イワサキセダカヘビの捕食行動を実見した島人の話が元になっている可能性がある。ただ、このヘビはそれほど頻繁に見かける種類ではなく、「この中に出入りするのを常に見る」という部分は、事実ではなく、多分に伝承的な誇張が含まれた内容だろう。

では、このツダミバカというのは、どのようなものだろうか。

柳田の文では「真乙姥の墓」と書かれているが、実際は真乙姥の妹にあたる古乙姥《クイツバ》の墓である。そして古乙姥は、オヤケアカハチの妻であった女性のことだ。

『沖縄大百科事典 上』で「オヤケアカハチ」を引くと、次のような解説が書かれている。[7]

「一五世紀末、八重山の大浜村にあって豪勇をもって聞こえ、近隣を制圧して宮古勢とも対立、貢を絶って首里王府に反旗をひるがえし(オヤケ・アカハチの乱)、逆徒として王府征討軍により誅伐されたとされる人物」

また、明治から昭和初期にかけて、石垣島測候所の名物所長として活躍するとともに、八重山の歴史、文化、自然を記録、発表し続けた岩崎卓爾《いわさきたくじ》(イワサキセダカヘビなどに、その名を残している)は、オヤケアカハチに関して、生まれたときから容貌魁偉、髪は赤く、すでに大人の歯が生え、眼光は鋭く人を射殺すほどであった、といった内容の島の伝承を書き残している。[8]

このオヤケアカハチの妻の古乙姥の墓にまつわる伝説について調べた原田信之によれば、古乙姥はオヤケアカハチが征伐されたときに一緒に捕まえられて殺害され、その墓は反逆者の一味のものとして、人々に踏みつけられたという。[9] その墓が、なぜツダミバカと呼ばれたかといえば、石を組んでつくられた墓の内部に、カタツムリの殻が多数見られたからである。原田はツダミバカについての聞き取り調査を行っている。その聞き取りの中にも、「クイツバは悪い人だから、墓をみんなで踏みつけるんだ」と言って、子どもたちが墓の石の上で遊んでいたという話があったことが紹介されている。そして墓の中にカタツムリの殻がたくさん見られる理由については、話者の一人から次のような話を聞いたともある。

「私ら子どもん時にですね、カタツムリをですね、あの尻、べっこうをですね。つぶしておったんですよ。つぶして、負けた方はね、向こうの穴に捨てたんですよ。ツダミの墓ってね、がらくたは皆捨てた。ツダミの墓ってね。負けた方がね、捨てたんですよ。結構荒いことしてね。カタツムリね、カタツムリはこの先とがってますね、よう先とがってるんですね。それをつぶし合いっこするんですよ。つぶし合いっこしてね、勝負するんですよ[10]」

一九三二年生まれの話者が、カタツムリのこの「つぶし合いっこ」を、ツダミアーシと呼んでいたという。カタツムリの「つぶし合いっこ」というのは、二人の子どもが、それぞれ手にカタツムリの殻を持ち、殻の先端を突き合わせ、互いに力を入れて押し合って、殻の先端がつぶれたほうが負け、という遊びのことである。

岩崎卓爾の書いた文章を集めた『岩崎卓爾一巻全集』にも、石垣島での子どもの遊びとして、カタツムリの殻の硬さ比べが、「チダミ　アージ」(先のツダミアーシと同意)という名で紹介されている。また、このとき、勝者にカタツムリを一個やることになっていて、これを「アブラセイ」という、ともある。

一八九一年に石垣島に生まれ、島に伝わる伝統文化を詳細な本にしたためた宮城文も、カタツムリ

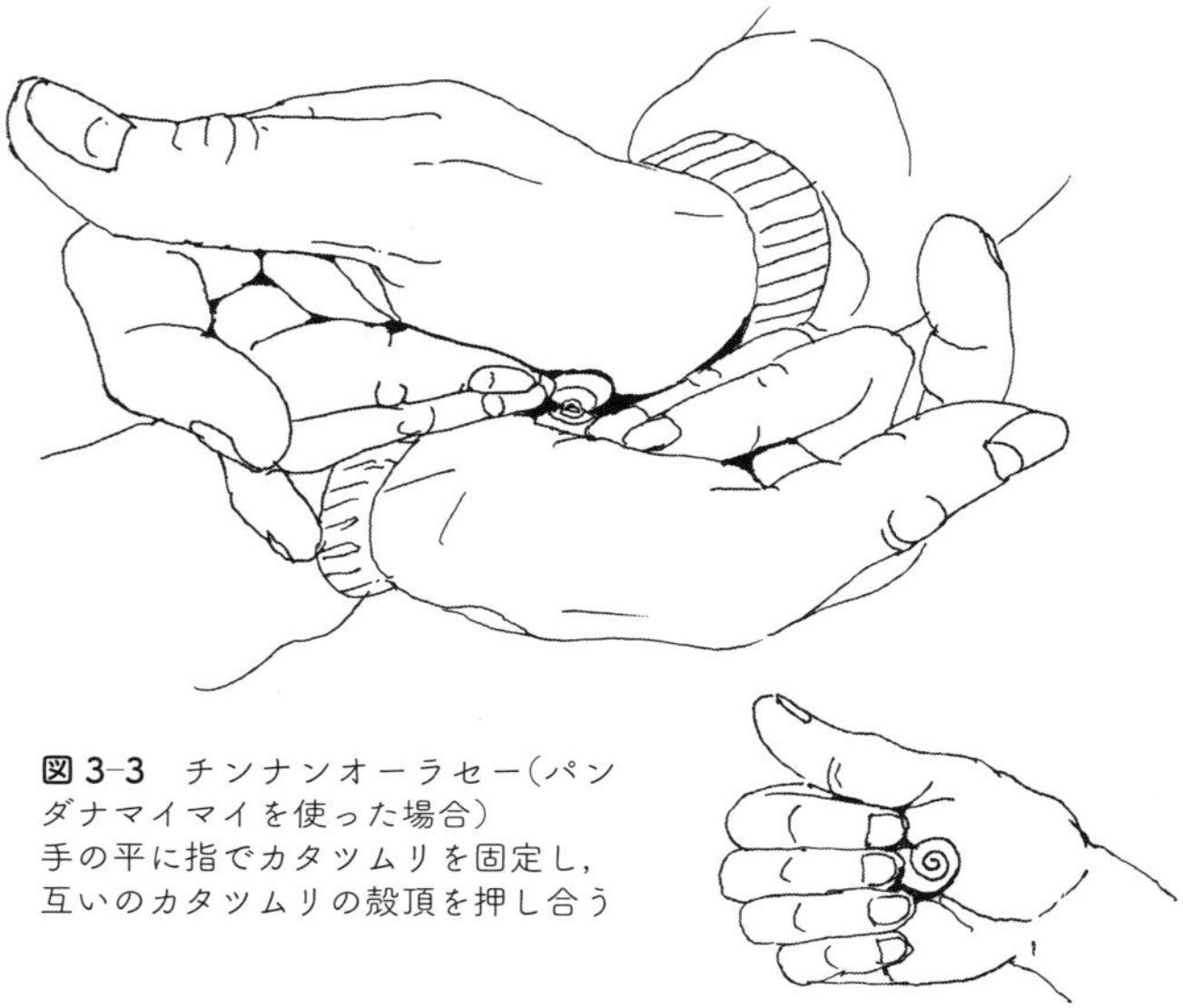

図 3-3 チンナンオーラセー（パンダナマイマイを使った場合）
手の平に指でカタツムリを固定し，互いのカタツムリの殻頂を押し合う

の遊びを「チダミヌグルアーシ（カタツムリの殻合わせ）」の名で紹介している。[11]
私も一九三四年生まれの方からツダミアーシについて次のような話を聞いた。
「やったよ。ツダミアーシ。殻のとんがったところを付き合わせるんだよ。昔の子どもたちの遊びだよ。今はしているのを、まったく見なくなってしまったな」
石垣島でツダミアーシと呼んでいたこの遊びを、沖縄島ではチンナンオーラセー（カタツムリ勝負）と呼んでいた。先の大学生の調査で、すでにすたれてしまっていると思われたカタツムリの伝統的な遊びとは、このことである。チンナンオーラセーはシンプルな遊びであるが、シンプルながらも、さまざまなコツやテクニックも伴う遊びであることが報告されている（図3-3）。

チンナンオーラセー（カタツムリ勝負）

南城市佐敷に生まれ、教職の傍ら、長年にわたり沖縄の貝について調査・研究をしてきた知念盛俊さんからの聞き書き記録の中に、チンナンオーラセーに関する、詳細な語りがあるので引用したい。

「オーラセーに利用するのはシュリマイマイ。シュリマイマイが大きいから。パンダナマイマイのような小さなマイマイは、握り難いわけ。（中略）ヤマタニシの殻は固いので、インチキして隠しておく。オーラセーの時に急にヤマタニシを出して、ポコッと相手の殻を割ったりする。それから子どもの頃のジンブン（知恵）だけど、オーラセーには死んだあとの殻を使い、生きてるのは使わない、中味が入っている生きたのが強いから。それをインチキして使う。また、ジンブンのある連中は、非常に細かいニービ（南部に見られる砂岩のこと）をさらに細かくして、殻の渦に入れて、その中に水を入れる。そして、殻の底で沈殿して固まり、渦巻いてるところを見ても表面からはみえないようになっている。そうするとね、空の殻よりも土が入っている殻が強いわけさ。（中略）これは、南城市屋比久近辺の話だが、僕は那覇市の楚辺小学校にも一時期居たことがある。楚辺近辺でもやっぱりシュリマイマイだった。シュリマイマイ以外に使ってないんじゃないかな。（中略）ユークー（欲張り）は、わざと自分の頂点をずらして相手の弱いところに当てて、急に押す。そしたら勝つというインチキをするわけさ。（中略）また、強くするといって、アンダグヮーチキー（油を付ける）したけど強くはならなかった」[12]

『佐敷町史二 民俗』にはチンナンオーラセーについて「チンナンは畑や道ばた、または竹藪の中から探してきた。ただし生きているものを使ってはならなかった。ハブチンナン（シュリマイマイ）は大きくて強かった」と書かれている。

『沖縄大百科事典』でこの遊びについて調べてみると、次のように書かれている。

「チンナンオーラシェー（前略）かたつむりの殻の突起したところを強く押し合う。潰れたほうが負け。チンナンは、那覇・泊の西方、ぎりち原《ばる》にいるぎりちチンナンが強いとされた」

これと同様の話が、『那覇市史』のチンナンオーラセーに関する記述にも見られる。

「雨の日は、チンナンはよく出てきた。石垣などに多かった。かたつむりの尖端を合わせて、つぶれた方が負けである。ぎりち原のギリチチンナンが一番強かった。弱いのは、キーミーチンナンで、大きいのはハブチンナンであった。「チンナンアーセー」ともいう[13]」

ギリチ原というのは、那覇市と浦添市が隣接する安謝川河口近くの海岸沿いの一帯のこと（埋め立てが進んだ現在は、海岸線から離れた国道五八号線沿いの一帯）で、明治になってから伝染病死亡者の埋葬所となったため、「ギリチ原の名は嫌悪の裡に有名であった」という[14]。おそらく、そのような足を踏み入れるのを忌むようなところから勇気をもってカタツムリを採ってきたわけだから、そこのカタツムリは強いに違いない、といったように思われていたのだろう。

沖縄島北部に位置する宜野座《ぎのざ》村では、カタツムリの殻合わせをスンダミオーラセーと呼び、男女を問わず四、五歳ごろから一〇歳ごろまで遊んだという。また、「知恵がつくと色の黒みがかったアーフェー（親玉）と呼ぶ殻の強いスンダミを探してきて、ことごとく撃破する奴《やから》が居た」ともある[15]。

カタツムリの殻を合わせて硬さを競う遊びについては、私も、各地で以下のような話を聞き取った。

「子どもの遊びとしては、波照間では死骸のうずまきの頂を突き合わせて押し合ってつぶし合い、殻の強さを競っていました」（波照間島）

「数人が集まって、各々が強そうな殻を探してきて、お尻とお尻をこすり合わせたりして、勝負して遊んだ。この遊びはパロンナ チャース ニャーといいます。パロは畑や陸、ンナは貝で、パロンナはカタツムリのこと。チャースは「合わせる」、ニャーはこの場合、勝負という意味が強いです。チャースニャーは、こすり合わせて強さを勝負するということになります」(伊良部島佐和田)

「カタツムリで遊んだ。種類ははっきり覚えていないが、殻のお尻の部分を突き合わせてこすり合いをし、お尻の部分が割れたほうが負け」(宮古島)

「昔、私たちが小さいころは、自然のものが遊び道具でしたよ。チンナンオーラセーは、男の子も女の子もしましたよ。生きているカタツムリではなくて、死骸になったもので、殻と殻を押し合わせて、先に壊れたのが負け。石垣や草むらなどで、殻を拾って遊びました。昔は生きているカタツムリを捕まえて、板や壁の平らなところで走らせても遊びました」(沖縄島本部町)

「チンナミオーラセーはときどきしました。巻の頂点をつぶし合って」(沖縄島国頭村奥)

「カタツムリの殻(中の入っていない抜け殻)の背のほうをぶつけ合って戦わせた。割れたほうが負け。あまり大きいのは割れやすい。小さいのもぶつけにくいので、ちょうどいい大きさを探すのが、勝つこつ。殻の硬い種類があって、それを探して使った」(徳之島)

「カタツムリは志戸桶《しとおけ》ではツンニャーニューといい、阿伝《あでん》とかほかのところではツンニャーグーとかトゥンヤーウーとかいうようです。遊びでは、子どものころ、カタツムリの殻の硬そうなものを選び、お互いのカタツムリの殻の頭を押し付け合い、先に穴が開いたほうが負けといった遊びをしていました。この遊びの名前は特におぼえていません」(喜界島)

一九五八年に久米島に隣接する小島(現在は架橋されている)で生まれたS・Mさんからは、海岸林に散らばるパンダナマイマイの殻を手にして、実際にチンナンオーラセーのやり方を教えていただいた。このほかに、後述するが、与論島でもこの遊びが行われていたことを聞き取っている。また、沖永良部島でも同様の遊びがあり、チンタイオーシと呼ばれたことを文献上で見ることができる[16]。一九四八年に沖永良部島国頭に生まれたT・Sさんからは次のような話をうかがった。

「カタツムリの遊びはチンタイオーシといいます。勝つために、鼻脂をカタツムリにつけて勝負にのぞんだものです」

同じく一九四九年に沖永良部島で生まれ、島の陸貝に詳しいT・Sさんからは、「チンタイオーシに使っていたのはエラブシュリマイマイです。でも、強いのはオキノエラブヤマタカマイマイ(図3-4)。殻がとんがっているから強いんです」という話を聞いた。

このように、カタツムリの殻を突き合わせる遊びは、奄美諸島から沖縄の島々にかけて広く見られた。ただし、奄美大島では、なぜかこの遊びは行われていなかったようだ(奄美大島・瀬戸内町立図書館・郷土館の町健次郎さんのご教示による)。そして、こうした遊びが、カタツムリの中に差異を見出し、同一地域で複数の呼び名を誕生させた一つの要因ということになる。

時代による変化

このカタツムリの殻を突き合わせる遊びを、沖縄生まれの沖縄大学の学生たちは、まったく知らない。

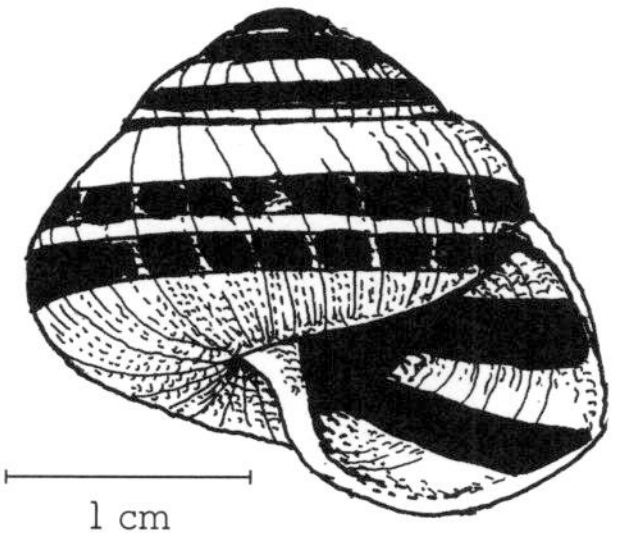

図3-4　オキノエラブヤマタカマイマイ

一方、私と同じく島々の生物文化について調べている当山昌直さん（一九五一年那覇生まれ）は自身の子ども時代の体験について、次のように語ってくれた。

「うちのあたりではシュリマイマイが手に入らなかったから、チンナンオーラセーにはパンダナマイマイを使っていたよ。パンダナマイマイは殻が硬いから、なかなか勝負がつかなかったよ」

では、いつごろからチンナンオーラセーという遊びはされなくなっていったのだろうか。

南城市に生まれたT・Mさん（一九五八年生まれ）は、沖縄の歴史に詳しく、小さなころからさまざまな自然体験を重ねている人である。が、チンナンオーラセーはやったことがないし、この遊び自体、知らないと言う。これからすると、一九六〇年代以降、この遊びが消滅していったように思える。

一方、宮古島の小学校の視察の際に会話を交わした、島生まれの校長先生（一九七一年生まれ）は、チンナンオーラセーの体験があると言う。

「僕はチャンピオンでしたよ。硬いのを見つけるのが得意だったんですよ。ポイントがあって、大きな殻だからといって強いわけじゃないんです。先っちょ同士をぶつけて、割れたほうが負けという遊びですが、ときどき中には入っているものがあって、「あーっ、入っていた」ってなりました」

伊良部島出身のT・Yさん（一九七七年生まれ）からも以下のような話を教えてもらった。

「パロンナチャーラシといっていました。子どものとき、一番、流行った遊びです。やりすぎて、親指の下側の皮がむけました。ここが、カタツムリの殻にあたるんです。一番強いものは、ドンと呼んでいました。何個も持っている中で、これが自分のドンだと。勝負をするときは、ドンは最後まで出しません。カタツムリの中に、とても殻が硬いものがあります（ヤマタニシ類のこと）。だから、ドンはたいていこれでした。この硬いカタツムリをつぶすやつもいて……。あと、卑怯なやつは、海の貝を拾ってきて使ったり」

これからすると、宮古諸島では沖縄島に比べると、比較的最近までこの遊びが残っていたようだ。社会の変化がこの遊びをすたれさせたのは間違いない。より面白い遊びや、テレビの導入などが、この素朴な遊びをすたれさせたのだろう。ただし、その時期は、地域や個人の周りの環境によってさまざまであるようだ。なお、先述の宮古島の校長先生も、チンナンオーラセーの体験はあるものの、すでにカタツムリのことは方言名ではなく、カタツムリと呼んでいたということを教えてくれた。

カタツムリに関しての聞き書きを行う中で、ちょっと変わった遊びについても聞き取った。うるま市石川で生まれたＳ・Ｕさん（一九五九年生まれ）からの聞き取りである。彼女は、チンナンオーラセーをして遊んだ記憶があるというから、チンナンオーラセーの消滅した時期は、やはり地域差があるようだし、個人差（その遊びへの興味のあるなし）も関係しているかもしれない。ちなみにＳ・Ｕさんは、工事現場の穴の中から、オーラセーをする殻を集めたという。

Ｓ・Ｕさんからチンナンオーラセーのほかに聞き取ったのは、カタツムリにそっと近づき、気づかれないようにして目玉の先を指先でつまみ、引っこ抜くという遊びである。この話を聞いたときは、Ｓ・Ｕさんに固有の遊びかと思った。ところが、その後いろいろなところで話を聞いてみると、沖縄では、同じ遊びをしたことがあるという話を別の人たちからも聞くことがあった。どこまで一般的な遊びかはわからないものの、Ｓ・Ｕさん固有の遊びというわけではないようだ。伝統の遊びというほど一般的であったとは思われないが、ともあれ、カタツムリがふんだんに見られる沖縄ならではの遊びといえるのではないか。

「目玉はただ取るだけ。あとは、アフリカマイマイは投げて潰して、卵が出てくるのを喜んでいて。ただそれだけだけど。昔は虫しか遊ぶものがなかったし」

学生たちにとって忌むべき相手である移入種のアフリカマイマイも、Ｓ・Ｕさんの子ども時代は、遊び相手であったのである。

カタツムリと人との関わりは、遊びに限るわけではない。次章では、カタツムリを食べることについて、さぐってみることにする。

第四章　カタツムリ食の文化

無人島漂流記

少年時代の私は、貝殻拾いから生き物への興味を育んだ。その少年時代の私が好きで繰り返し読んだ本がある。ジュール・ベルヌの『十五少年漂流記』だ。手に取ったのは、どこの出版社から出されたものか覚えていないが、この物語は、ベルヌが一八八八年にフランスで発表したものが元になっている。日本では一八九六年に森田思軒《もりたしけん》が『十五少年』という表題で翻訳書を著していて、私が少年時代に手に取った本も、この題名を受け継いでいた。その後より原題に即した訳本が、福音館書店から『二年間の休暇』という書名で出版されている（朝倉剛訳、一九六八年）。有名な作品だから、私同様に、子ども時代に読んだことがある人も少なくないと思うものの、ここで簡単に内容を紹介してみよう。

時は一八六〇年。ニュージーランドのチェアマン寄宿学校の生徒たちが休暇に合わせて船旅をするはずが、船を留めていたもやい綱がはずれ、いつのまにか漂流。嵐にあって子どもたちは無人島に漂着し、その島での生活を余儀なくされる。登場するのは八歳から一四歳までの、合わせて一五人の少年たち。少年同士のいがみ合いや、和解・協働が、無人島での自活の工夫や、悪者（新たな漂流者）との闘いを通じて描き出される。舞台となった無人島は、南米沿岸に位置し、ニュージーランドよりも緯度が高く、冬は氷点下一七度にもなり、島内の湖が氷結するという設定となっている。[1]

漂着した無人島にはさまざまな動物がいて、少年たちは船から持ち出した銃でそうした動物たちを狩り、食料としたりしたのだが、なかには少年たちを脅かすような猛獣（例えばクマ）もいた。私は島が好きだ。沖縄に住むようになった背景にも島好きが影響している。島好きが醸成された理由の一つに、この本の存在があるのかもしれない。

さて、少年時代の私は、何の疑問ももたず、夢中になってこの本を読んでいたのだけれど、もちろん、これは「お話」の世界だ。実際に無人島に漂着した場合、そこにはどんな生き物との出会いが待っているだろう。

本の中で、チェアマン寄宿学校の生徒たちが遭難すると設定されている一八六〇年の一〇年前。現実の世界で、日本の船乗りがとある無人島に漂着し、そこでの生活を余儀なくされるという遭難事故が起こった。

一八五〇年。出羽の国の年貢米を江戸に運送したのち、奥羽に向かった浮木丸の乗組員一一名が、犬吠埼沖で嵐にあって遭難し、三七日間の海上漂流ののち、無人島に漂着した。彼らは一年間の無人島生活ののちイギリス船によって救助され、香港に一時滞在したのち、日本に帰国することができた（ただし、当時はまだ鎖国を続けていた江戸時代であり、幕府がキリスト教に対して強い警戒感を抱いていたため、帰国後の取り調べの際、彼らは中国の有人島に漂着したというウソの供述を行っている）。

彼らが語った無人島の様子が、記録に残されている。

・島の周囲は四キロ（または八キロ）ほど。
・島はかなり南方に位置し、気候は温暖。漂着したのは一一月末だったが、日本の四、五月ぐらいのあたたかさだった。
・晴れた日には、南南東に三つの島が見えた。
・硫黄の山があり、噴煙があがっていた（火山島）。
・草は少しあったが、樹木はなく、食用になる植物も皆無だった。
・水はない。
・渡り鳥・海鳥の群生地だった。

実は、彼らが漂着した無人島がどの島だったのか、いまだにわかっていない。この謎の無人島は、彼らの証言によると、火山島で木も生えていないが、代わりにたくさんの鳥たちの繁殖地になっていたということだ。五種類の鳥がいたという。そのうちの一種は、大きさがガンほどあり、ネズミ色でクチバシが丸い鳥で、そのほかに日本で金鶏と呼ぶ鳥に似た赤い鳥、それにアヒルほどの大きさの鳥や、ハトほどの大きさの鳥などがいたとある。火山島で木も生えていなかったということから、これらは海でエサを採る海鳥だったろう。島の砂地には一面に卵が産み付けられていた。また、鳥たちは人間を恐れず、一一人はこの鳥たちを捕まえて肉を食べ、卵を食べて命をつないだ。さらに鳥のほかに生き物は見あたらなかったとも記録にはある。[2]

大きさがガンほどある鳥というのは、アホウドリ類と思われる。金鶏と呼ぶ鳥に似た赤い鳥というのは、尾が長く、胸が赤い、グンカンドリかもしれない。アヒルほどの大きさの鳥や、ハトほどの大きさの鳥というのは、それぞれミズナギドリやアジサシの仲間ではなかろうか。

彼らの救助を報じた『ノース・チャイナ・ヘラルド』という香港の新聞によると、彼らが見つかった無人島は「琉球近くの岩礁」であったとされる。[3] しかし、沖縄近海には、このような火山島は見あたらない。彼らの流れ着いた島がどこなのかは不明だが、実際の漂流者が残した記録は、無人島の生物相が、『十五少年漂流記（二年間の休暇）』に書き表されたものとは、ずいぶん違っていることをあらわにしてくれる。

朝鮮人漂流記の中のカタツムリ

昔は船の運航は風や潮流にずいぶん左右されたし、航海術も未熟だったために、船が遭難し、漂流の末、どこかの島に漂着することも頻繁に起きた。漂着先は無人島に限らず、有人島である場合もあった。

浮木丸の遭難より四〇〇年近くさかのぼることになるが、一四七七年二月一日、済州島からミカンを積んで出帆した船が五名の船員とともに吹き流され、一四日間の漂流ののち、とある島に漂着した。その後、彼らは島の住民の協力を得て、本国・朝鮮に戻ることができ、その顚末を語ったおかげで、現在まで記録が残されている。

彼らの記録が日本語に訳されているので、その内容を見てみよう。[4] 島に漂着した際、乗組員のうち三名だけが、おぼれることもなく上陸することができた。彼らの見た島の様子は、以下のようだ。

・島民の容貌は朝鮮人によく似ている。
・耳たぶに穴をあけ、そこに耳輪を入れている。玉をつないだものを首にかけてもいる。
・男女ともはだしである。
・男子は長い髪の毛をよって、たたみ、それを束ねてうなじのあたりにもってくる。婦人の髪も長いものではくるぶしにまで及ぶ。その髪の毛をぐるぐるまいて頭の上に束ねてくしを髪の横にさしている。
・釜などはない。土を練って壺のようなものをつくり、乾燥させて藁火で焼いたものを使い、これでご飯を炊くが、五、六日も炊くと割れてしまう。食事はもっぱらコメ。
・飯は竹筒に盛る。握って丸い形にして食べる。食卓はない。手のひらに葉をおき、その上に握り飯を載せて食べる。
・塩や醤油はない。海水を使う。
・濁り酒がある。女性がかんで粥とし、これを醱酵させて酒とする。弱い酒である。
・コメをついて、練って餅とし、シュロの葉のような葉でつつみ、煮て食べることがある。
・麻や木綿がない。カイコも飼っていない。カラムシを織って布とする。藍で染めている。
・家にはネズミがいる。
・ウシ、ニワトリ、ネコが飼われている。ウシ、ニワトリの肉は食べない。死ぬとすぐに埋める。その肉は食べられるから、埋めてはいけないと言ったら、島人はツバをぺっとはいて冷笑した。

・山に材木は多いが獣はいない。
・人が死ぬと棺の中に座らせ、崖の下に放置し、土中に埋めることはない。
・気候は温暖で、冬にも霜や雪が降らない。氷もはらない。
・野菜にはニラ、ナス、ウリ、イモ、ショウガがある。
・木にはウメ、クワ、タケがある。
・ロウソクがない。夜には竹を束ねて灯りをともし、これで室内を照らす。
・便所がない。大小便は野に放つ。
・盗賊がいない。道に落ちたものを拾わない。喧嘩がない。子どもはかわいがる。酋長もいない。
・文字を解さない。そのため意思を通じる手段がなかったが、久しく滞在している間に、言うことがほぼわかるようになった。

いったいどこの島かわかるだろうか。彼らはかなり細かく風俗を語っている。ただしこれは、今から約五五〇年前の話だから、風俗から島を特定するのは難しい。冬に霜や雪が降らないとあるから、南の島であることは確かだ。現在、三人が漂着した島を特定することが可能なのは、彼らが島の呼び名を覚えていて、その名を語り残していたからだ。島の名は、当時の朝鮮の記録文字であった漢字表記から、ユノ、またはユナと推定されている。

三人はその後、その島に六か月滞在し、島民によって別の島に送り届けられた。その島の名前はソナイである。そのソナイの様子も三人は語っている。

・イネとアワを用いるが、アワはイネの三分の一しかない。
・ウシは食べるが、ニワトリは食べない。
・山にはイノシシがいて、島人は槍とイヌでこれを狩る。毛をいぶしてから煮て食べる。
・山には材木が多く、他島に輸出して貿易することもある。
・カタツムリを煮て食べる。

ソナイでしばらく過ごしたのち、三人はまた別の島へと送られる。今度の島の名はポタルローマイである。

・キビやアワがあるが、水田でつくるイネがない。ソナイと貿易をしている。
・ウシは食べるがニワトリは食べない。
・カタツムリを煮て食べる。

ポタルローマイからさらに送られた先は、ポラリと呼ばれる島だった。

・キビ、アワなどがあるがイネがない。イネはソナイに行って買ってくる。
・ウシは食べるがニワトリは食べない。

・カとハエはいるが、カメやカエルはいない。

続いて、フルユンと呼ばれる島へ送られる。

・キビやアワはあるが、イネはない。イネはソナイまで買いに行く。
・ウシを食べるがニワトリは食べない。
・材木もない。
・カタツムリを煮て食べる。

朝鮮人漂流者たちは、このように、行く島々で、カタツムリを食べる人たちに出会っている。

朝鮮人漂流記の島々

フルユンから送られた先は、タラマ島である。ここまで来ると、三人が滞在した島がどこにあったか明らかだろう。

・キビ、アワはあるが、イネはない。
・材木がないので、ソナイに行って取るか、イラブに行って取る。
・昆虫や家畜はフルユンと同じ。

タラマの次に送られた島としても、聞き覚えのある名が登場する。イラブである。

・キビやアワがある。イネもあるが、少ない。
・少々山があり、材木もある。
・ウシを食べるがニワトリは食べない。
・酒には麹をもちいる。
・カタツムリを煮て食べる。

イラブの次に送られた島はミヤコである。

・イネ、キビ、アワなどがある。
・飯を炊くのには、鉄製の釜のようなものを使う。
・家には便所がある。
・ウシは食べるが、ニワトリは食べない。
・カタツムリを煮て食べるのはユノと同じ。
・山には雑木は多いが名前の知れないものばかり。

三人はこうして島から島へ送られ、ミヤコから、当時の琉球国の王府のあった沖縄島にまでたどり着く。琉球国の様子を三人は次のように語っている。

・濁り酒と清酒がある。強い酒がある。
・寺がある。僧侶の袈裟は朝鮮と同じである。
・飯は漆木器に盛る。磁器の皿もある。木製の箸はあるが、匙はない。
・市があり、野菜、魚肉、塩、布、磁器などを売っている。
・唐の商人も来て、商館を開いている。建物は瓦葺である。
・一般人は、はだしである。
・気候は温暖でユノと同様。
・ブタも飼われている。牛馬を屠って食べる。その肉を市に出して売ることもある。ここではニワトリを食べる。
・大きなイナゴがいるが、これは人が食べる。あるいは市で売っていることがある。

三人がそれまでにたどってきた島々に比べ、一段と文化が発達していた様子が伝わってくる。三人はユノを出てから六か月後に沖縄島までたどり着き、その後、遭難してから合計で二年数か月かかって本国、朝鮮に戻ることができたのだった[5]。

三人が最初に漂着した島はユノ＝与那国島（八重山の言葉でユノン）で、次がソナイ＝西表島《いりおもて》（ソナイは西表島に古くからある集落、祖納のこと)、さらにポタルローマイ＝波照間島(八重山の言葉でパティローマ)、ポラリ＝新城島《あらぐすく》(同じくパナリ)、フルユン＝黒島(同じくフスマ)、多良間島、伊良部島、宮古島と琉球列島の島々を順送りにされていたことがわかる。この漂流民の記録は、当時の八重山、宮古の暮らしを今に伝える貴重な記録となっている。そしてこの記録から、当時、これらの島々の多くではカタツムリを食べていたことがわかる。宮古の様子を伝える中に、「カタツムリを煮て食べるのはユノと同じ」とあるので、与那国島の様子を伝える中には出てきていないが、与那国島でもカタツムリを食べていたということになるだろう。

この当時、与那国島から宮古島にかけての島々では、広くカタツムリを食用としていたわけである。

ヌングンジマとタングンジマ

朝鮮人漂流者の記録を読むと、与那国島から宮古島にかけての島々には、大きく二つのタイプがあったことがわかる。

例えば、島々の主食となった穀物が何であったかをもう一度、表4-1から見てみよう(この当時、のちに庶民の主食の座を占めるサツマイモは、まだ伝来していない)。

イネはもちろん、一般には水田でつくられる。キビやアワは畑でつくる穀物だ。つまり、田んぼのつくれる島とつくれない島があるということだ。これは、島の成り立ちに大きく関係している。琉球列島の島のうち、一つのタイプが、隆起サンゴ礁からなる平たい島である。こうした島には山がなく、したがって大きな川もない。そのため水田をつくるのが難しい。もう一つのタイプの島が、山や川のある島だ。こうした島のタイプの違いを、八重山諸島の人々はヌングンジマとタングンジマという呼称で呼び分けていた。

石垣島出身の郷土史家、喜《き》舎場《しゃば》永《えい》珣《じゅん》の著作に書かれている内容を現代文に直して紹介すると、次のようになる。

「ヌングンジマとはヌーグニ(野国)が転訛した語で、島と国は同じ意味だけれど、語彙を強くするために、語を重ねている。古くはヌーグニ、つまり野原ばかりで、川や山や田んぼなどのない国(島)という意味から称えられたのだけれど、ヌーがヌンに転訛し、さらに島までも重ねて、ついにヌングンジマというようになったものである。とりもなおさず、隆起サンゴ礁からなる島を指している。(中略)これに対して、タングンジマというのは、ターグニ(田国)から転訛した語で、山あり川あり田んぼありという島のことをいっている[6]」

ヌングンジマに分類できる島は、朝鮮人漂流民の記録でキビやアワを主食としていた黒島や新城島のほか、竹富島などである。一方、タングンジマに分類できるのは、同じ記録の中でコメを主食としていた与那国島や西表島のほか石垣島などである。

この、ヌングンジマとタングンジマの違いは、自然地理学では高島、低島という区分として言い直すことができる。自然地理学者の目崎茂

表 4-1　与那国島から宮古島までの島々の主食となった穀物

与那国島	イネ
西表島	イネとアワ(アワはイネの 1/3)
波照間島	キビやアワ
新城島	キビやアワ(イネは西表島まで買いに行く)
黒島	キビやアワ(イネは西表島まで買いに行く)
多良間島	キビやアワ
伊良部島	キビやアワ(イネは少しある)
宮古島	イネ，キビ，アワ

和は、琉球列島の高島と低島について、次のように定義している。[7]

高島＝山地・火山地が存在することが条件であるが、小さい島の丘陵地は山地と考えられることがあるので、山地・火山地・丘陵地が六〇％以上の面積をもつ島。

低島＝山地・火山地が存在しない。丘陵には段丘起源のものがあるので、丘陵と台地・段丘と低地で九〇％以上を占め、高度も二〇〇メートル以下の低平な島。

具体的な数字をあげると、西表島は山地が六九％、丘陵が一三％、台地・段丘が九％、低地が九％で、高島にあたる。沖縄島の近隣に位置する渡嘉敷島も小さいながら、丘陵が九二％、低地が八％で高島にあたる。

一方、宮古島は朝鮮人漂流民の記録の中では稲作も行われていたとあるが、丘陵が二％、台地・段丘が九〇％、低地が八％であり低島にあたることがわかる。また竹富島の場合は台地・段丘が一〇〇％であり、典型的な低島であるといえる。

沖縄島の場合は、山地が一五％、丘陵が四八％、台地・段丘が二六％、低地が一一％と、全体としては高島に分類できるが、より正確にいえば、南部は低島的であり、北部は高島的な、複合的な島であるといえる。[8]

朝鮮人漂流民の見聞録では、ヌングンジマ(低島＝波照間島、黒島、伊良部島、宮古島)とタングンジマ(高島＝与那国島、西表島)の違いにかかわらず、カタツムリが食べられていた(低島の新城島と多良間島、両方の特質が見られる沖縄島についてはカタツムリ食の記載がない）ことがわかる。

与那国島のカタツムリ食

沖縄大学の専任教員になる以前、私は那覇市内にあるフリースクール・珊瑚舎スコーレの非常勤講師を勤めていた。その珊瑚舎スコーレで、ある日、県内出身の高校生Kに「カタツムリっていうと食べる気がしないけど、エスカルゴっていったら食べ物だよね」と話しかけられたことがある。「エスカルゴっていうのは、そういう種類のことだよ」と私が答えると、Kは「えっ？　種類違うの？　エスカルゴとカタツムリ同じことじゃないの？　そうかー、そういう種類なんだ。じゃあ、普通のカタツムリは食べれないの？」と聞き返してきた。

フランス料理の食材となるエスカルゴは知っている。でも、そこらで見かけるカタツムリはちょっと食べる気がしないし、食べられるかどうかもわからない。これはKに限らず、多くの人が思うところではないだろうか。

朝鮮人漂流民の記録を読むと、八重山、宮古の島々ではカタツムリを食べていたことがわかる。ただし、これは約五五〇年も前の話だ。Kが「普通のカタツムリは食べれないの？」と聞いてきたのは、彼女が八重山や宮古出身ではなく、沖縄島出身だからだろうか。それとも、時代の違いで、沖縄の島々ではカタツムリを食べることがすたれてしまっているのだろうか。また、カタツムリはどんな種類でも食用になるのだろうか。

今の若者の暮らしは、沖縄も東京とほとんど変わらない。しかし、うとぅすいの方々に話を聞くと、五〇～六〇年前は、まだ沖縄ならではのさまざまな風習や伝統がよく残されていたことがわかる。

朝鮮人漂流民の足取りをたどるようにして、島々のカタツムリ食について聞き取れたことを紹介しよう。まずは、与那国島である。

一九一七年に与那国島で生まれたY・Fさん(女性)の話を聞いているときに、カタツムリ食の話が登場した。昔は貧乏だったから、魚もしょっちゅう買うわけにはいかなかった。それで、自分で採った食材をよく利用した。例えば田んぼのタニシや、田んぼわきに流れる川から得られるフナなどがそうした食材だった。そうした野から得られる食材の一つにカタツムリもあった。

「カタツムリは一番おいしかった。食べやすいし。さっとゆがいて、ゆで汁捨てて、塩で味付けして食べる。少し、塩、からめにしてね。ピパヅを入れると、おいしくて」

このような話だ。ピパヅというのは、家の石垣などに這わせて栽培しているコショウ科のヒハツモドキの葉で、香辛料として使われる。

与那国島でのカタツムリ食については、Y・Fさんの娘にあたるE・Mさん(一九三七年生まれ)から、もう少し詳しい話を聞き取ることができた。

「カタツムリは、塩のお澄ましにする。お澄ましといっても煮びたしみたいな感じ。普通のおつゆでは食べなかった。それで、少し、しょっからくするわけ。小さいころ、仕事といって母が帰ってこないことがあった。だから私が弟たちの食事の準備をして。小学校一年のころの話。芋をたいて、おかずを何にしていいかわからないから、家の前の田んぼに行って、ターンナ(タニシ)を採って殻割って、洗って弟たちに食べさせた。ターンナはおいしかったよ。今もどこかにいないかねーと思うよ。

カタツムリも雨あがったら、すぐに外に出てつんできた。芋のカズラの下にいっぱいいるの。採ってきたカタツムリは、いったんゆでるけど、そのとき、コツがある。塩を入れて火をとろ火でじわじわっとやると、中が殻から出てくる。その出てきたところで、強火にして殺すわけ。最初から強火だと、中が殻から出てこないの。だから、ゆであがったものを見ると、ゆで方の出来がいいか悪いかすぐわかるのよ。ゆでると〝よだれ〟がどろどろ出るから、よく洗って、塩の汁にするのね。このとき、ミカンの葉を入れたりしてもおいしい。結構味があるのよね。汁の中のカタツムリが多ければ多いほど味がある。でも今は食べようとは思わないわね」

このような食べ方をしていたわけである。

西表島・波照間島・黒島のカタツムリ食

では、八重山諸島のほかの島々ではどうだろう。朝鮮人漂流民の記録では西表島、波照間島、黒島でカタツムリを食べていたとある。

西表島の、漂流民が滞在した祖納の隣集落にあたる、干立《ほしたて》で一九二一年に生まれたY・Iさんには、次のような話を聞いた。

「西表の人はカタツムリを食べない。「あんなの食べられるか」と言って。石垣では食べるらしい。知り合いに、石垣のおばさんいてよ。「カタツムリ食べられない」と言ったら、その人が、「こんなにおいしいものはない」と言ったよ。食べ方を聞いたらよ、芋畑すでしょ。カズラをつんでおくと、カタツムリが集まってくるさね。大きいの選んで、糞をはかすみたい。それから鍋に水入れて、それで炊くんだって。そんな話だよ。それからご飯食べなさいと言って食べてたら、ひーひー笑うさ。「なんで笑うか」と言ったら、「あんたがなんて言うかねー」と言うわけ。そのおばさん、カタツムリを汁にして出したんだよ。「おばさん、きったない」と言ったら、「だから笑っている」と言ったさ。汁にするのは、本当の話だね。食べたらタニシのおつゆと同じ。食べたらおいしいさ。石垣島では田んぼのある人しかタニシはないでしょう。田んぼのない人はカタツムリ食べたはずね。おばさんは、昔から食べているよーと言うよ。いまだに西表でカタツムリを食べた人いないよ。だから「カタツムリ食べた人は？」と聞かれたら、「はーい」と手をあげるよ。歩いていると、たまに大きいのがおるから、養ってから食べてみようかと思うが、見たとき思うだけだね」

このY・Iさんの話によると、カタツムリ食は、西表島では漂流民が滞在して以降、どこかですたれたものらしい。

波照間島のカタツムリ食については、島出身のK・Sさんから「波照間では非常食としてカタツムリを食べたことがあると聞いたことがあります」と聞いた。これからすると、波照間でも、漂流民が滞在していたとき以来、カタツムリの日常の食利用はすたれたようだ。

黒島については、私自身は島の人たちから直接、話を聞き取る機会が得られていないが、黒島のカタツムリ食についての聞き取りを紹介している文献がある。そこに書かれた内容を引用してみる。文中にシダミとあるのが、カタツムリのことである。

「シダミは体の乾燥を防ぐため、日中は地中などに潜っており、朝方や雨降りになると地上に出て来てエサをあさる。このような習性のため、地中のどこにいるのかわからないシダミを人が一つ一つ掘り出していくのは、平時にはまず困難であり、シダミを採ることができるのは、シダミが地上に出ているときに限定される。雨が降って朝方止んだ時が、シダミが畑の作物に付いているため目につきやすく、採取には絶好の機会」となるという。[9] こうして採取されたカタツムリはまず、大鍋に一晩放置して、糞を出し、内臓がきれいになるのを待った。このとき、鍋の縁に塩を塗り、カタツムリが逃げ出すのを防いだ。カタツムリは味噌か醤油で味をつけた汁で調理された。汁にはウイキョウやノゲシの葉を入れることもある。鍋を火にかけてしばらく弱火で煮るのがコツとされた。食べる際にはカタツムリを口に持っていき、殻から出た身を歯でくわえ、殻をはずした。これが碁を打つ動作に似ていることから、黒島ではカタツムリを食べることを「碁を打つ」ともいった。また、黒島では「シダミはおいしいので、食べたいから食べた」といわれていた。[10]

石垣島ではカタツムリを食べていた

漂流民の記録に石垣島は登場しないが、西表島のY・Iさんの話に出てきた石垣島のカタツムリ食についての聞き取りの記録をここで紹介しておこう。

一九〇八年に石垣島の中心地、登野城《とのしろ》で生まれたS・Mさんは「カタツムリはおいしかった。壺に入れて泥はかせて」と言っていた。「壺に入れて泥はかせて」とあるのは、野外で採ってきたカタツムリをしばらく壺の中に入れておき、糞を出させるということだろう。

同じく登野城で一九三四年に生まれたT・Sさんは、次のような話を聞かせてくれた。

「カタツムリも食べました。雨が降ったら採りに行きました。一、二日おいて、うんこをはかせてから汁炊きにします。おいしいですよ。カタツムリのことはチゥダミというので、チゥダミヌシゥリゥといいます。歌を歌いに行くとき、この汁を飲むと声が出るといいました」

また、石垣島東海岸に位置する白保では、一九二二年生まれのT・Sさんと、一九四三年生まれのY・Mさんから、それぞれ、次のような話をうかがった。

「カタツムリは食べました。戦後になって、除草剤まいているから採るなよと言われて。田んぼのタナブラ(タニシ)もいなくなったよ。田んぼに薬も肥料も入れるから。これはゆがいて中身を取って食べた」

「ノビルと一緒にカタツムリも採ってきてね。今はカタツムリ、食べる気がしないよ。ノビルと一緒に味噌汁にしたらおいしかったですよ。でも、今は抵抗を感じますね。昔は雨降りのあとに見つけに行った、大きいのを見つけると嬉しくてね。海のチンボーラー(細長い巻貝の仲間)は今でも食べたいのに、カタツムリはイメージが悪くなっているね。いいタンパク源だったと思いますよ」

また、沖縄各地の伝統食についてとりまとめた『聞き書 沖縄の食事』にも、石垣島の食の紹介の中で、「つだみぬする(カタツムリ汁)」という料理が取り上げられている。[11]「つだみぬする」は、カタツムリを「うんと洗い、沸騰した湯にさっと入れてゆで、塩味をつけて本炊きにする。よもぎを入れて香りをよくすると、春の特別な味がするものである。食べるとき、身は口で吸うとさっと出る」ものであるという。

同じく、石垣島のカタツムリ食については、宮城文の『八重山生活誌』の中にも記述が見られる。[12]宮城は、自身の記憶に基づき、明治三〇年ごろ(一九世紀末)の庶民の一週間分の献立を再現しているが、その中のある一日の献立は、次のような内容だ。

朝飯　チヂバガシアッコン（丸煮のサツマイモ）
　汁：チダミヌスル（カタツムリ汁）……カタツムリ、ウイキョウ
　菜：シタディヌ糟（醤油粕）

昼飯　朝と同じ
　菜：カシザイ（酒粕）のタミジ（酢の物）……炙魚、唐辛子、アキノノゲシ

夕飯　マイヌカイ（米の粥）
　菜：クズブットゥルー（イモの澱粉料理）、チキナ（菜の漬物）

カタツムリについて、宮城は次のようにも書いている。

「かたつむりと、たにしは貝類の中でも最も多く食べたものである。かたつむりは雨降りの時は二、三升も拾えるので壺の中に入れておいて糞を出させて三、四回にも分けてういきょうと煮て汁物にした。あっさりした風味で甘藷との汁物に最適である。たにしもういきょうと煮て汁物にすると甘藷のおつゆに適している」

石垣島では近年まで、カタツムリ食がよく見られたということができるだろう。

小浜島と竹富島のカタツムリ食

石垣島同様、漂流民が訪れなかった島ではあるが、八重山諸島の小浜島と竹富島でもカタツムリ食が行われていたことが、文献記録に見ることができる。

小浜島では、野外から得られる、カブル（コウモリ）、マコーイ（ヤシガニ）、ウネー（ウナギ）、ツンダメ（カタツムリ）なども滋養の足しにしたとある。また、田にいたカンピタ（タニシ）やカニも食べたともある。[13]

竹富島の場合には、『竹富町史』のかつての食事の紹介の中に、シダミヌシュ（カタツムリの汁）の名のみが見える。[14] この竹富島のカタツムリ食については、一九四六年に島で生まれ、幼少期に実際にカタツムリ食を体験している石垣久雄の記録もある。[15] その内容を、以下に引いてみる。

「戦後の事、島には食べ物が極端に不足していて、みんなひもじい思いをしていた。その空腹の生活を救ってくれたのが芋とカタツムリ（竹富ではシダミと呼ぶ）であった。カタツムリは戦前も食べられていたようだが、戦後は外地、戦場からの帰島者で人口も増え、カタツムリ食用者は急増した」

このようなカタツムリ食に頼った時期は一九五八年ごろまで続いたとある。また、戦後一〇年（一九四四〜五五年ごろ）の主な食物の紹介の中で、昼飯は主食が芋またはソテツの実の粥で、それにカタツムリの汁だったと書かれている。

カタツムリを採るには、朝早く、トウツルモドキで編んだかごを持って畑に行く。小雨の降っているような日が特によい。カタツムリを採って帰る際には、畑や農道のわきに生えているフクナーナ（ハルノノゲシ）も摘んで帰った。こうしたカタツムリ採りは、子どもたちの仕事だったともある。

採って帰ったカタツムリは、しばらくおいておき、糞を出させる。水洗いをし、粘液を洗い流す。そのあと、鍋に入れてゆでる。

「竈にはソテツの葉、ススキ、豆がら（竹富ではマミグル）などがくべられる。最初火力を落とし、段々と強くしていくと頭を出したまま炊かれる。カタツムリ汁が沸騰すると、ハルノノゲシ（フクナーナ）を入れる。その野草を食べながらカタツムリを食べる。もちろん、塩味である」

カタツムリを食べる際は、頭を歯ではさみ、殻から身を引き出す。食べたあとの殻はザルに入れ、その後、畑の畦や石垣などに捨てる。かつては、畑の石垣にカタツムリの殻がうず高く積まれていたとも書かれている。そのころ、竹富島を訪れた観光客の中には「竹富のカタツムリは一ヶ所に集まって死ぬのですか」と質問をする人もいたというエピソードも添えられている。

宮古諸島でも汁にして

漂流民は、八重山の島々を出たあと、多良間島、伊良部島、宮古島、と宮古諸島を経て沖縄島に渡っている。このうち、伊良部島と宮古島でカタツムリ食について言及している。では、これらの島々で、その後もカタツムリは食べられていたのだろうか。

多良間島では、直接、島に行って何人かの方々から昔の暮らしについての話を聞くことができた。

一九三四年生まれのU・Nさんは、「カタツムリはよく採りに行った。ここの家に嫁にきてからね。おつゆにするけど、家によるんじゃないかな」と話してくれた。また、一九四〇年生まれのM・Kさんは「カタツムリは食べた、食べた。芋の葉っぱと一緒に汁にしました。雨が降ったら、いっぱいいたよ。でも、今は農薬をまくから。バッタもおつゆに入れたり、乾煎りして食べたり。乾煎りして食べるのがおいしかったですね」という話を聞かせてくれた。漂流民の記録には登場しないが、多良間島では近年までカタツムリ食が見られたわけである。

伊良部島のカタツムリ食については、一九四二年生まれのM・Tさんが、次のように語ってくれた。

「カタツムリもよく食べました。パロンナといってね。雨が降ると出てきたからね。汁にしたが、身も食べます。カタツムリはあくが強いから、ゆがいてあくがなくなるまでよく洗って。本当は雨降りじゃないときに採るほうがいいのです。雨が降っていないときは、白い蓋のようなものがあります。そういうときに採ってくれば、ものを食べていないので、体の中に糞が入っていません。だから、そういうときに採るのが一番いい。雨降りのときは、エサを食べているので、体の中に糞が入っています。昔は畑の周囲に垣根がありました。防風用です。昔の畑は石垣と垣根で小さく区切られていました。雨が晴れると、カタツムリはそうした畑のわきの石垣の隙間とかに潜り込みます。大きな隙間だと、手を入れて採りました」

宮古島出身のK・Kさんからも、「ムーナ(ウスカワマイマイ)は汁にして食べた。ダシになるもののない時代には、とても美味だった」という話をうかがうことができた。

『聞き書 沖縄の食事』の中でも、宮古の食事の一つとして、カタツムリの汁が写真入りで紹介されている。その解説を引くと、次のようになる。

「雨水のころになると、雨降りのあとに、さとうきび畑やいも畑に、かたつむり(うすかわまいまい)がはっている。これをとって竹ざるに入れ、この中に生いもを餌として一、二切れ入れ、一、二日おいて糞を出させる。ざるに入れて、よだれ（ねばり）がなくなるまできれいに洗い、なべに入れてふたをして、火をつける。はじめは弱火で煮て味噌を少し入れ、塩で味をととのえる。にんじんやふだんそうを入れてもよい」

このように、漂流民が訪れた宮古の島々では、漂流民がカタツムリ食についてふれていない多良間島も含めて、いずれの島でも近年までカタツムリ食が行われていた。付け加えると、宮古諸島のほかの島々でも聞き取ることができたので、紹介しておきたい。

来間《くりま》島では、一九五一年生まれのＴ・Ｋさんから次のような話を聞いた。

「アフリカマイマイはンーナ、カタツムリならパルンーナと呼びます。カタツムリは食べました。汁にもしましたし、これだけ炊いて、中を食べるときもありました。採る場所が問題で、キャベツとかハクサイの中にいるとか、大豆畑にいるとか、そうしたものを採りました。昔は農薬がなかったから安心して食べましたが、今は食べる気がしないですね」

池間島では、一九二六年生まれのＴ・Ｍさんから、カタツムリはハルンナと呼ぶと聞いた。

「ハルンナは、雨が降るときはみんな採りに行った。おいしいさ。採ってきて、カゴに入れて、海の水に入れて二、三回洗って、それで炊いて食べた。針で中の身をとって食べた。おかずのないころだったから。うまいさ。今は畑に行っても見えないね。昔はどこの畑にもいた」

また、一九二四年生まれの謝敷正市の手になる文献によると、宮古島ではカタツムリは次のように呼び分けられていたという[16]。

・ムーナ（カタツムリ類）
・オームーナ（アオミオカタニシ）
・イスムーナ（ミヤコヤマタニシ）
・マームーナ（オキナワウスカワマイマイ）
・タイワンムーナ（アフリカマイマイ）

オキナワウスカワマイマイがマームーナ（真のカタツムリ）と呼ばれるのは、この種類が食用になるカタツムリであるからだ。身近に見られるすべてのカタツムリが食用にされていたわけではなく、限られた種類のみが食用にされていたわけだ。

このように、漂流民が見た、八重山や宮古の島々のカタツムリ食は、西表島などのすたれてしまった島もあるものの、その他の島では、近年まで続いていた。

沖縄島――南部ではアンダンスーなどにして

漂流民の記録では、沖縄島についてはカタツムリ食の記述がない。そうしたこともあって、私は最初のうち、沖縄島ではカタツムリ食は行われていなかったと思い込んでいた。しかし、かつての自然利用について聞き取りを行う中で、沖縄島でもカタツムリ食が見られたことがわかった。ただし、カタツムリ食がよく見られた地域とそうではなかった地域があった。大まかにいえば、中南部や本部半島先端部などの石灰岩地（低島的環境）ではカタツムリ食がよく行われていたようで、ヤンバルと呼ばれる地域のうち、国頭村ではカタツムリ食は行われていなかった。

まず、南部のカタツムリ食についてては、チンナンオーラセーについての語りを引用した、一九三四年生まれの知念盛俊さんの話を引用したい。知念さんは、カタツムリの種について正確な名称を口にしているのが特徴である。

「沖縄島南部では、オキナワウスカワマイマイとパンダナマイマイを食べていたが、ウスカワマイマイが多かった。パンダナマイマイは、ウスカワマイマイに比較すると固く、数も多くはない。ウスカワマイマイが柔らかくて一番食べやすい」

「チンナン(ここではオキナワウスカワマイマイ)は、カンダバー畑(サツマイモ畑のこと)にいっぱいいる。それを畑からとってきたら、上等の芋をちゃんと洗って、生芋の皮がついたまま輪切りにしてザルに入れ、その中にチンナンを入れ、芋を一週間くらいチンナンに食べさせる。一週間したら、ウムグスマイルバーテー(芋の糞を排泄するわけ)。そしたらチンナンの消化器は掃除され、芋のアンコみたいに置き換わるわけよ。だから、ウムグスを出したら、そのまま炊いても中は消化途中の芋しか入ってないことになる。これをお爺さん、お婆さんは当然のようにやっていた。この利用方法が、僕が一番感心している昔の人たちの生活の知恵」

「ウスカワマイマイ(チンナン)をそのまま茹でて、それから中身を抜く。口から消化管は胴体にあって筋肉になっている。足のところの筋肉は残して、渦巻きの内臓で肝臓などは切り捨てる。消化管には芋が残る。そのあと、ウスカワマイマイは、アフリカマイマイみたいにはよだれはあまりないが、一応カマドの灰なんかで洗ったりした。灰で洗ってそのあとは、アンダンスー(油味噌)の具にしたり、切ってからお汁のだしにしたりした。アンダンスーはおいしい。（中略）アンダンスーの具として、一匹を三つか四つぐらいに刻んで入れる。戦後は僕もよく食べた。おいしいですよ。（中略）僕の家では味噌汁のだしなんかにも使うけど、主にアンダンスーでしたね[17]」

アンダンスー（油味噌）には、普通豚肉を入れるが、知念さんによれば、豚肉は時間がたつと固くなるが、カタツムリを食べる場合はあまり固くならなかったという。知念さんの話から、先にも少しふれたが、カタツムリの場合は、基本的にはオキナワウスカワマイマイが食材として利用されていたことがはっきりする。このカタツムリは、加熱しても柔らかいままであることに加え、畑の周りなどで、一番普通に見ることができる、つまりは大量に採取しやすい種類でもある。

『佐敷町史二 民俗』にも、オキナワウスカワマイマイに対して、「殻ごと煮て肉を抜き味噌汁のだしに使ったり、油味噌にして食べた。小児の栄養補給によく用いられた。肉は黄色味をおびて柔らかくて美味」と知念さんが語っていることと同様の記述が見られる。

また『那覇市史』にも、カタツムリ食の記述が見られる。そこには「明治、大正の頃には、カタツムリが食べられた。イーチョーバーと一しょに汁物にすることが多かった。蛋白質の足しになったのだろう。貧しい人たちの食べ物というのではなく中流以上の家でも食べられていた」と書かれている。ここにあるイーチョーバーというのはウイキョウのことである（ウイキョウは、黒島や石垣島などでもカタツムリ汁に使われていた）。『那覇市史』の記述を読むと、那覇のような街でも、ごく普通にカタツムリ食が行われていたということがわかる。

沖縄島中部の宜野湾・新城におけるカタツムリ食も文献の記録から見て取れる。

「島人は好んで蝸牛を食べた。又田にしを盛に食べた。何れも汁にして用い、特別の料理法はなかった[18]」

同じく中部・中城村《なかぐすく》周辺での往事のカタツムリ食の記録も文献にある。[19]これは中城村内の荻堂貝塚の発掘報告書にあるもので、貝塚調査が行われた大正時代のカタツムリ食の様子が記録されている。書かれた調理法を現代文におきかえると、以下のようになる。

「雨のあとに石垣などにくっついているカタツムリを採取する。以前はカタツムリを採取するのはきわめて簡単だったという。どの種類も食用としているわけではなく、島人はその種類を容易に識別する。食用とされるのはオキナワウスカワマイマイとパンダナマイマイである。調理をする際は、生のまま、壺や鉢の中にサツマイモの薄切りと一緒に入れ、蓋をする。これは糞をさせるためと、粘液を除くためである。翌日、これを水で洗い、たいていは味噌汁とする。このとき、火力を徐々に高めていくように調理法を注意すると、食べる際に、殻から中身を取り出しやすくなるという」

ここまで見たように、沖縄島中南部では、カタツムリがよく食用として利用されていた。ただし、同じく沖縄島中部に位置していても、旧具志川市では、カタツムリは常食というよりも凶作食という位置づけであったと文献にはある。[20]それによると、「身を取っておつゆやおかずにした」というように、食べ方自体はここまでに紹介したものと変わらない。

沖縄島北部ではどうだろうか。宜野座村では、カタツムリをスンダミと呼び食用にしていたという。ただし「貧しい人たち」の食材として紹介がなされており、「夜間に畑から採集して来て、汁に煮て蛋白源とした」とある[21]ことから、沖縄島中南部のように、広く一般に食用として利用されていたわけではないようだ。

沖縄島周辺離島の利用例

沖縄島の周辺離島の例としては、渡名喜島におけるカタツムリ食の文献記録があるので、以下に引用する。

「太古から食用にされていたチンナミは昭和三十年代まで子どもらがざるに集めて持ち帰り、一旦ゆでて雑物を洗い落し、よもぎなどを入れて味噌汁にしたり、肉は針などで取り出して食べた。今では畑に農薬を散布するようになったため食べない。ターンナ（タニシ）は田が少ないので食用としてでなく薬用のために集め、煎じて病人に与えた[22]」。

『渡名喜村史 下』には、「村人のつれづれによんだ歌」として、次のような歌も紹介されている。

あがりちんなみぬ　　東字の人々が蝸牛を
だしいってくわてぃん　　だしにして食べるよりか
わしたさびしるや　　わたしたちのさびしる（味付けをしていないつゆ）が
ましやあらに　　よいのではないか

渡名喜島には、東、西、南の三つの字《あざ》がある。この歌は、西南の字の人たちが、東字の人がカタツムリを好んで食べるのをからかってよんだ歌だと紹介がなされている。渡名喜島ではカタツムリが食用として利用されていたものの、狭い島内でも集落により、好みに違いが見られたわけである。

沖縄島のカタツムリ食について聞き取った話

私自身、沖縄島では二か所の話者から聞き取ることができた。

「カタツムリは毎日の生活の中で常時目にしていました。庭の草花や畑の野菜やイモの葉など、どこにでもいた。特に雨の時期など。だけど私の家庭では食べたことはなかった。ただ、ほかの人は食べたそうです。私のところは義父が漁師だったので、魚介類が常にありました。だからカタツムリは食べませんでした。ただし、上本部でもたいていの人はカタツムリを食べたそうです。ぬめりを吐かす、出させるということをして炊いて食べたそうです。カタツムリは畑の中や草むらで多く採ったそうです」（一九四二年本部町北部上本部生まれのM・Kさん）

「カタツムリはだいぶ食べましたが。カタツムリは、前の日から水に浸けてきれいにしておきます。そして、殻のまま鍋にして、チンナン汁として食べました（図4-1）。身も安全ピンで取って食べました。チンナンは食べられる種類が決まっています。平たいのではなくて、丸味を帯びたものを食べます。〔食べるのは〕ちょっと恥ずかしかった覚えがあります」（一九二八年読谷村古堅生まれのK・Iさん）

加えて、沖縄島の周辺離島（現在は橋でつながっている）で、低島に区分される平安座島に一九二九年に生まれたR・Oさんからも、「カタツムリは、雨降りのあと採ってきて、一晩おいて、キレイに吐かせて、翌日、炊いて食べましたよ」という話を聞いた。同様に、本部半島に隣接する低島の瀬底島でもカタツムリを食べていたと聞いた。

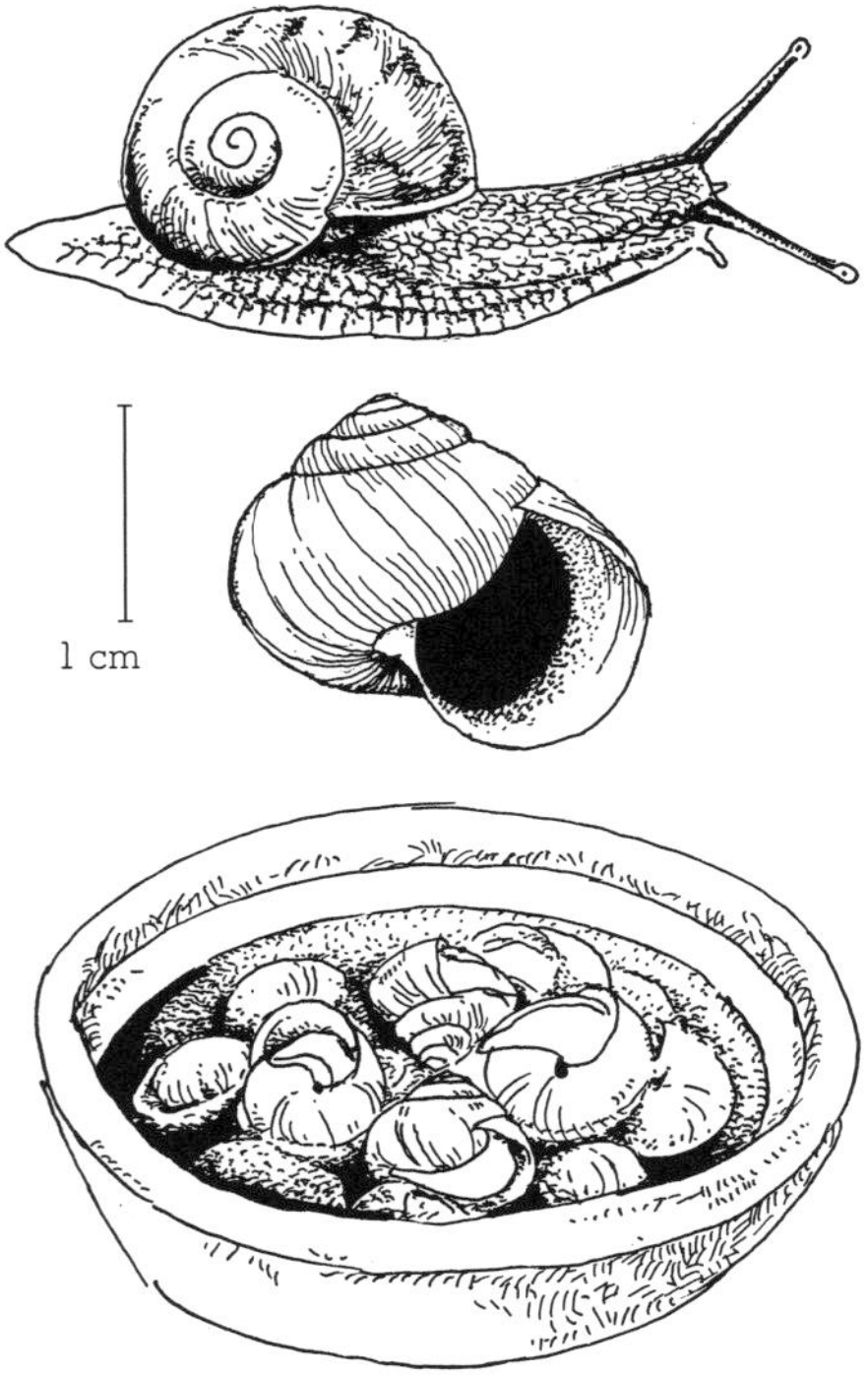

図 4-1 オキナワウスカワマイマイとチンナン汁

沖縄島北部の国頭村での聞き取り調査では、カタツムリを食べることはなかったと聞いた。

「あんなものまでは食べないです。そういえば、糸満出身の子が友だちにいましたが、あるとき、チンナンモーを集めているわけ。どうしたの？と聞くと、食べると言うんです。それで手伝ってあげて。集めたのは樽に入れて、這い上がってきたのは落としていました。あれ、小さいでしょう。どうやって食べるかねーと思いましたよ。田んぼのタニシも食べません。ターユー（フナ）も食べません。田んぼの用水路に、セーという小さいエビがたくさんいたでしょう。これも食べません」（一九四一年国頭村安田生まれのH・Oさん）

「チンナミは食べたことはありません。またブタの餌にしたようなことも覚えていません。なかったようです。ブタの餌はご飯の残り物や、イモやカンダバー（サツマイモの葉）で十分でした。時たまウニが大量に採れたときは、ウニの剝き殻を水炊きして汁をとり、カズラやイモをこねて与えたこともあった。また海藻のミルもあえものにして食べた後、残ったものをブタの餌にしたりしました」(一九四八年国頭村奥生まれのK・Mさん)

また、沖縄島の周辺離島で、平安座島と異なり高島に区分される渡嘉敷島でも「カタツムリは食べない」という話だった。

沖縄諸島では、石灰岩地の多い沖縄島中南部および周辺離島のうち、低島ではカタツムリがよく食用として利用されていたが、非石灰岩地の沖縄島北部や、周辺離島のうち高島では、カタツムリ食はそれほど一般的でなかったか、まったく利用されていなかったという傾向があったといえそうだ。

遺跡のカタツムリ

先に紹介した荻堂貝塚の報告書の中にカタツムリの調理法が紹介されていた理由と、琉球列島の考古学から見たカタツムリ食についても、少しふれておきたい。荻堂貝塚からは、カタツムリの殻が見つかっている。報告書の中で、当時の現地のカタツムリ食についての記録がなされたのは、貝塚から見つかったカタツムリは、昔の人が食べたものではないかと考えたためである。ただし、貝塚から見つかっているのはシュリマイマイとツヤギセル、それに種類不明のカタツムリの三種で、沖縄で食用とされてきたオキナワウスカワマイマイやパンダナマイマイの殻は見つかっていない。それからすると、荻堂貝塚から出土したカタツムリは、食用とされたものではなく、自然状態で混入したものではないかと考えられる。

沖縄島南部、現在の豊見城市《とみぐすく》にあるグスク時代の遺跡から出土した貝類についての調査報告では、やはりカタツムリの殻が遺跡から出土している。なかでもオキナワヤマタニシの割合が一番多いが、この遺跡から出土するカタツムリも食用として利用されたものではない、と結論づけられている。[23]

奄美諸島の徳之島の面縄貝塚からも、ヤマタニシ類の殻が大量に見つかっている。この遺跡のものも、食用ではないと考えられると報告書には書かれている。[24] ただし、食用として利用したものであるという研究者もいる。後述するように、東南アジアではヤマタニシ類の食用例がある。それからすると、過去には琉球列島の島々でヤマタニシ類を食用としていたことがあったとしてもおかしくはない。

奄美諸島では?

では、漂流民の記録には登場しない、沖縄島より北に位置する琉球列島の島々では、カタツムリ食は見られたのだろうか。鹿児島県に所属する奄美諸島の島々にも、与論島や沖永良部島、喜界島のような低島と、徳之島や奄美大島のような高島がある。

与論島では「カタツムリは食べない」という話を聞いた。奄美諸島において、わずかなりともカタツムリ食について聞き取りができたのは今のところ徳之島だけで、以下のような話である。

「カタツムリやナメクジは、結核の薬になると聞いたことはあるが使い方はわからない。カタツムリやナメクジが食べられるという話は聞いたことがあるが食べたことはない」(一九二九年徳之島阿権生まれのT・Mさん)

「喘息の薬になるといわれていたが、使い方はわかりません。昔、島で食べていたということを本で読んだことがあります」(一九二七年徳之島手々生まれのT・Mさん)

これらからすると、徳之島においても、戦前生まれの方ですら、すでにカタツムリ食については聞いたことがある、読んだことがあるという程度である。徳之島では、沖縄島中南部や八重山、宮古の島々のように、カタツムリ食が普通に行われていたということではなかったらしい。

ところで、幕末期、薩摩藩の藩士である名越左源太が奄美大島に流され、当時の風物について、さまざまな記録を書き残している。[25] この中に、カタツムリについて「田蜷の如くにして食う。味よし」という記述が見られるので、かつては奄美大島でもカタツムリを食べていたようだ。理由はわからないが、これらからすると、鹿児島県に所属する与論島以北の奄美諸島でも、かつてはカタツムリ食が行われていたが、ある時代以降になってすたれ、現代まで伝わることがなかったということではないかと思う。

実食!!

ここまで書いたように、文献の記述や、うとぅすいの方々の話からすると、カタツムリ食は琉球列島のうち、沖縄島以南における地域の伝統食といっていいように思う。奄美諸島で、過去においてどれだけカタツムリ食があったかは、まだ課題の残る点である。ところが、こうしたことを書いている私自身は、カタツムリを食べたことがなかった。エスカルゴを食べた経験はあるものの、そこらで見られるオキナワウスカワマイマイを採って食べる……となると、なかなか決心がつかない。「カタツムリは食べるものではない」といった思いが、私の中にもかなり強固にある。

そうした中、当山昌直さんと一緒に、二年間にわたってうとぅすいの方々から聞き集めた生物文化に関する話をまとめ、地方紙に連載する話が決まった。その連載記事を書きながら、「こうした伝統を、話を聞くだけで終わりにしてはいけないね」と、当山さんとやり取りする機会があった。

「カタツムリ、食べてみないとだめじゃないかな」

当山さんがそんなことを言い出した。

沖縄生まれで、私より年長である当山さんも、自身ではカタツムリを食べたことがないのだという。一人では勇気が出ないものの、二人なら何とかなる。さらに記事を連載している新聞の記者も、試食に加わることになった。ようやくカタツムリ食の再現実験をする腹が決まる。

再現してみて、まずわかったのは、食材となるカタツムリを集めるのが結構大変だということだ。オキナワウスカワマイマイは、最も普通に見られるカタツムリなのだけれど、食材として使えるような大ぶりのサイズのものを数多く集めようとすると、なかなか見あたらない。黒島の研究報告に書かれていたり、各地の話者が話していたりするように、カタツムリを集めるには「いつ」「どこ」がいいという知恵が必要なのだ。そのような知恵をもとに、食材を集めるところから、伝統食づくりは始まる。

集めたカタツムリは、サツマイモを餌にしばらく飼うという話があるが、カタツムリ食を再現するにあたって、この過程は省略した。なんとか数を集めたカタツムリを洗い、軽くゆで、ゆで汁を一度捨てる。ここでもう一度カタツムリを洗い、一部は殻ごと薄味の味噌汁にして、残りは身を出して、足の部分の肉だけを切って、アンダンスーをつくる。

できあがった汁を、おそるおそる口にする。

「ああ」と思う。

ごくうっすらとだが、貝の味がしたからだ。

アンダンスーは味噌の味が強いせいもあって、違和感なく食べられる。

頭の中では、カタツムリは貝の仲間だとわかっていたものの、口にして、本当に貝の仲間だと実感する。今のように、鰹節にしても化学調味料にしても使い放題の時代でなかったころに、手近にあって、こうした「だし」を取れる食材は、貴重だったのではないかと思う。

世界のカタツムリ食

かつてカタツムリを食べていたわけだが、沖縄でも、今の学生たちは「カタツムリを食べるなんて……」と思っている。また、うとぅすいの方々への聞き取りからは、カタツムリを食べる習慣のなかった地域の人は「カタツムリを食べるなんて……」と思っていたことがわかる。さらには、小さいころにカタツムリを食べていた世代の人たちですら、「今はカタツムリを食べようなんて思わない」と口にする。カタツムリを食べることに対するイメージは、時代による変化や、地域差がかなりある。

「カタツムリを食べる」という話になると、学生たちは、沖縄でかつてカタツムリが食べられていたということよりも、食用カタツムリのエスカルゴのことのほうが、すぐに頭に浮かぶようだ。

「フランス人、カタツムリを食べるのに抵抗ないの?」

学生たちに、そんなふうに聞かれたが、この点について、フランス人に直接尋ねたことがない。ただし、イギリス人はフランス人を「カタツムリ食い」と揶揄すると書いてある文献もある[26]ことから、カタツムリ食について一様のイメージがヨーロッパ中で見られるわけではないようだ。

琉球列島のカタツムリ食と比較するために、フランスのエスカルゴ食について、いくつか文献を調べてみた。オーストリアの落葉広葉樹林でカタツムリの採集を行った、カタツムリ研究者の書いた紀行文の中に次のような文章が見られる。

「山頂の展望台付近の落ち葉をかき分けていると、かのエスカルゴ *Helix pomatia* がゴロゴロ見つかった。殻が球形のせいか日本のマイマイ類よりもデカく感じる。野生の状態で普通にいることに驚く。こんな大きな貝がそこらへんにいたら、食用にする気にもなるのだろう[27]」

この文章を読んでなるほど、と思う。エスカルゴは、私も食べたことがあるが、決してまずいわけではないけれど、エスカルゴ自体にそれほど強い旨味があるとは思えなかった。エスカルゴが食用になっているのは、ここに書かれたように、「身近にたくさんいる」「比較的大型の貝」ということが大きな要因だったのではないかと思う。そして「身近にたくさんいる」ということに関しては、沖縄でオキナワウスカワマイマイを食用としていたことも、同じ要因だろう。

「エスカルゴって養殖しているの？　野生のっているの？」

学生たちと話をしていたら、こんなことも聞かれた。実は学生たちからこうした質問をされるまで、私自身はエスカルゴが養殖されていることを知らなかった。調べてみると、確かにエスカルゴ・ファームなる施設がヨーロッパにはあるようだ。ただし、もちろん、もともとは野生のカタツムリだったのは、先の文献に出てくる通りだ。

エスカルゴと呼ばれるカタツムリにはいくつかの種類があるが、その中で代表ともいえるのが、先

の文献で学名 *Helix pomatia* が紹介されていた、リンゴマイマイ(ローマン・スネイル)と呼ばれるカタツムリだ(図4-2)。リンゴマイマイについて書かれた論文を読むと、本種は大型で、広い分布をもつ、ヨーロッパの貝類相の中の顕著なメンバーであると書かれている。ヨーロッパにおけるリンゴマイマイの分布は、南はギリシャから北はスカンジナビア半島に及び、西はロシアから、東はイギリスまで達している。また、リンゴマイマイは森、藪、庭、道脇など、さまざまな環境に生息する。地域や個体によって、さまざまな殻の形や色彩の変化がある。こうした紹介の中に、「その価値あるおいしさから、リンゴマイマイは経済的な価値もある」と書かれている。[28] つまり、エスカルゴを食べているヨーロッパの人々は、このカタツムリを「おいしいもの」と認識していることがわかる。

エスカルゴ・ファームそのものについて書かれた論文もある。その内容を紹介すると、「昔から人々はカタツムリを上質の食料と考えてきた。カタツムリは、高い栄養価、ほとんどすべてのアミノ

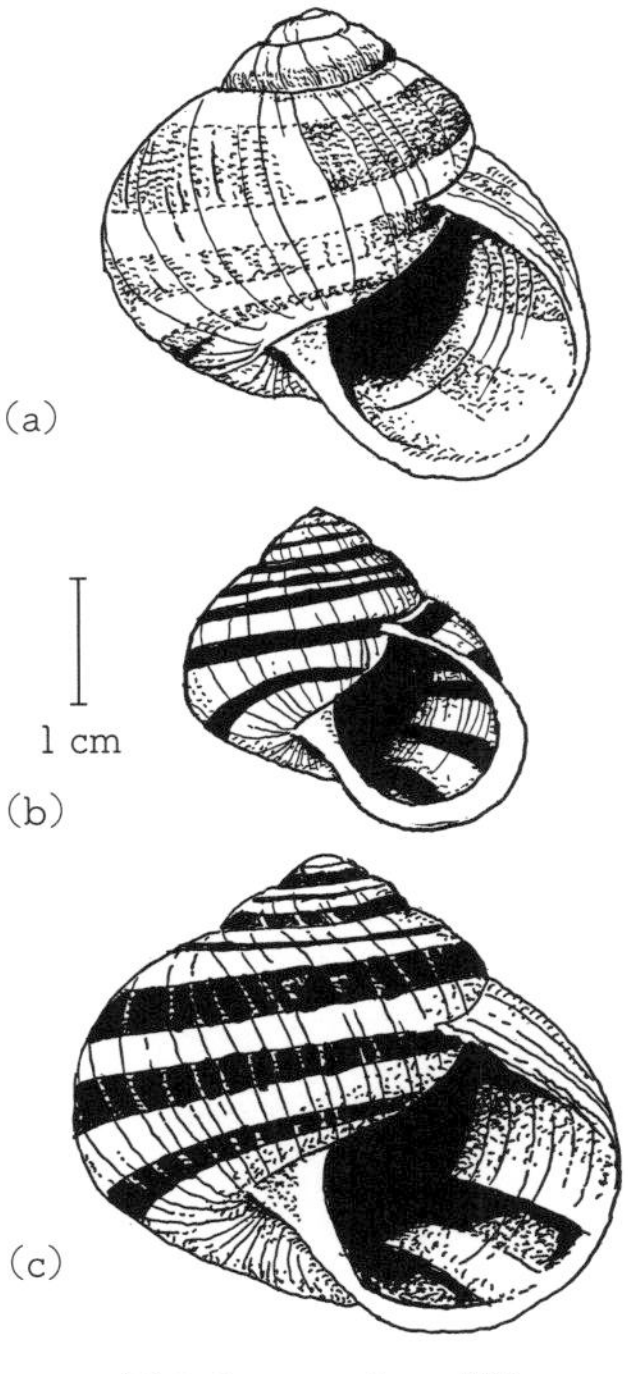

図 4–2 エスカルゴ類
(a)リンゴマイマイ,(b)ヒメリンゴマイマイ,(c)オビリンゴマイマイ

酸を含む高い割合のタンパク質、低い割合の脂質やコレステロールをもつ食品として、食べられ、味わわれる。それらはすべてウェルビーイング(健康的な生活の保持)によい影響を与えるものである。現在、ほとんどの西ヨーロッパの国々では、カタツムリの肉とその卵(キャビア)は特別なご馳走と考えられている。人の食料となるカタツムリの肉が食べられるのは、ほかの肉と比較して、かなり低頻度である。その理由の一つは、生産が限定的であることであり、同様に宣伝では、カタツムリ肉が贅沢品として扱われているということにある」といったことが書かれている。[29] カタツムリは、「健康によい食品」であり、「贅沢品と思われているもの」であるわけだ。

エスカルゴの食品利用について調べていると、ネットに掲載されている情報の中に、「全世界の中で唯一食用として食べることのできるカタツムリです」という紹介があるのが目にとまった。しかし、沖縄ではかつて、オキナワウスカワマイマイを食用にしていた歴史がある。カタツムリを食材として伝統的に利用していた地域は、ほかにもある。

ニューカレドニアでは、アカネマイマイの仲間(*Placostylus* 属)を食用として利用してきた。アカネマイマイの仲間は、ニュージーランドから、フィジー、ソロモン、バヌアツ、ニューカレドニアにかけて分布するカタツムリだ。このうち、ニューカレドニア産の *Plascostylus fibratus* を、現地では食用として利用してきた。「今日でもいくつかの家庭では週に二〜三度カタツムリをゆでて食べている。それらは重要なタンパク源である。*P. fibratus* は最も大きく、最も広分布で、最も人に好まれ消費される」とある。[30]

また、タイでは、マラッカベッコウマイマイ科のフタイロジャングルマイマイ(*Hemiplecta distincta*)

というカタツムリを食用として利用していることにふれている文献がある。[31] このカタツムリは直径六センチになるというから、かなり大型のカタツムリである。

タイ在住の山東英春さんからは、Twitterを通じて、タイの市場で売られているカタツムリの写真を見せていただいた。そのうちの一つはフタイロジャングルマイマイで、もう一つはヤマタニシの仲間であった。ヤマタニシ類は、沖縄ではまったく食べることのないカタツムリなので、これを見て少し驚かされた。と同時に、先に紹介したように、沖縄島や徳之島の遺跡から出土するヤマタニシ類は食用として利用された可能性があるとも思うようになった。山東さんによれば、タイの知人からの情報として、エントツアツブタガイという、これもヤマタニシのような蓋をもつカタツムリを食用とする地域もあるということだった。

調べてみると、東南アジアでヤマタニシ類を食用としていることについて記された文献も見つかった。タイ、ラオス、カンボジア、ベトナムのメコン川流域で、市場で売られている生き物について調査した結果をまとめた報告書がそれである。[32] 市場では複数種のヤマタニシ類が売られており、以下のように利用するという。

「殻ごと香草やスパイス、塩などと一緒に茹でる、殻ごと焼いてチリソースをつける、スープに入れるなどして食べる。ラオスでは香りづけのスターアニスと一緒に茹でて、チリソースをつけて食べる。スターアニスの甘い香りが食欲を誘う。カンボジアとラオスでの食用利用を確認したが、とくにラオス南部でよく食べる。市場調査ではヤマタニシ属の四種が販売されているのを確認した。街中の大きい市場よりも、郊外の道沿いにある青空市場でよく見かける」

また、このほかにもフタイロジャングルマイマイの仲間や、ナンバンマイマイ科のハイナンマイマイ類(*Camaena* sp.)も食用にされていることを紹介している。

アフリカマイマイの出身地であるアフリカのカタツムリ食についても、少し調べてみた。コートジボアールでは、毎年のカタツムリの消費量が一万七〇〇〇トンと見積もられるとあるので、カタツムリ食にかなりの需要があるということになる。[33] この文献で、食用として紹介されているカタツムリは、アフリカマイマイと同属のメノウアフリカマイマイ(*Achatina achatina*)と、殻の形などは似ているが別属のブタイウスクチベニアフリカマイマイ(*Archachatina ventricosa*)という種類である。別の文献においても、コートジボアールで「食用カタツムリ」として紹介されているのはこの二種であり、[34] アフリカマイマイもこの文献中に名前があげられているものの、「食用カタツムリ」という枠からは外れていた。アフリカで、アフリカマイマイが食用とされてきたのかどうかは、手にした文献ではよくわからなかったが、少なくとも、この仲間が食用にされる地域があることはわかった。

では、韓国ではどうだろう?

私が高校の教員をしていたころの教え子が韓国で家庭をもっているので、彼女に連絡をして、カタツムリについての韓国の人々のイメージを聞いてみた。すると、「カタツムリは、食べない、遊ばない、知らない、というイメージが一般的なよう」という返信がある。

「カタツムリ、サンチュにくっついてよくやってくる小さいものから、友だちが水槽で飼っている大きいものまでいろいろ見たことはあります。三〇代の友だちに聞くと、食べるのはエスカルゴ以外にはないと思うという返事。昔、みんながお腹すいていた時代には食べたということ。近所の五〇代の友だちも食べた記憶がないとのこと。ただし、検索したら、食用・薬用で出てきました」

彼女の返信に添付されていたＵＲＬをクリックして、その「養殖カタツムリ」を紹介する映像を見ると、アフリカマイマイが映し出されたので驚いた。韓国は琉球列島や日本本土よりも寒いから、アフリカマイマイの野外での越冬は無理だ。すなわち、養殖以外では生息できない。映像を見ると軟体部が白い、アルビノのように見えるものもある。養殖されているカタツムリがアフリカマイマイであるということは、この養殖産業は伝統的なものではないということだろう。韓国では、カタツムリ食は、あまりポピュラーなものとはいえないようだ。

このように、食用となるカタツムリはエスカルゴだけではない。ただし、世界的に見たとき、カタツムリ食はそれほど広い地域で見られる食文化ではないともいえる。そうしたことからすると、琉球列島のカタツムリ食文化に関しては、独自のものとして、もっと注目をしてもよいのではないだろうかと思う。

薬用やお守りとして

琉球列島においても、本土でも見られたように、食用としてではなく、または食用と合わせて、カタツムリを薬用とする場合があった。

徳之島で、「喘息の薬になるといわれていた」という話を聞いたことは、すでに紹介した。ほかの島においても、例えば与那国島では「おできの薬にはカタツムリをつぶしてつける」とか、石垣島では「生のままのカタツムリをつぶして傷につける」という話を聞いた。文献では、石垣島では結核の薬として、「カタツムリとウイキョウを煮て食べる」という使用法が報告されている。[35]『八重山生活誌』の中にも、「かたつむりとたにしは下げ薬で腎臓病や肝臓病にききめがあるとして広く利用されている」という記述が見られる。[36]

さらに『沖縄民俗薬用動植物誌』には、以下のような病気に対してカタツムリ、ナメクジが薬として用いられたことが紹介されている。[37]

・水虫：カタツムリの粘液をつける（宮古島狩俣）
・ぜにたむし：カタツムリの殻でこすり、スベリヒユをつぶしてつける（多良間島）
・しらくも：カタツムリの殻でこすり、海の満潮時に出る泡をつける。その後に、サルカケミカンの根の皮でこする（多良間島）
・あかぎれ・ひび：カタツムリの粘液をぬる（多良間島）
・口角炎：カタツムリの粘液をつける（多良間島）
・破傷風：石についているカタツムリをつぶして患部につける（沖縄島本部町）
・マラリア：カタツムリを煎じて飲む（多良間島）
・頭痛：カタツムリまたは、カタツムリとウイキョウを煎じて飲む（石垣島・与那国島）
・結核：ナメクジを生で食べる（沖縄島大宜味村・本部町）
生のまま飲む（古宇利島）

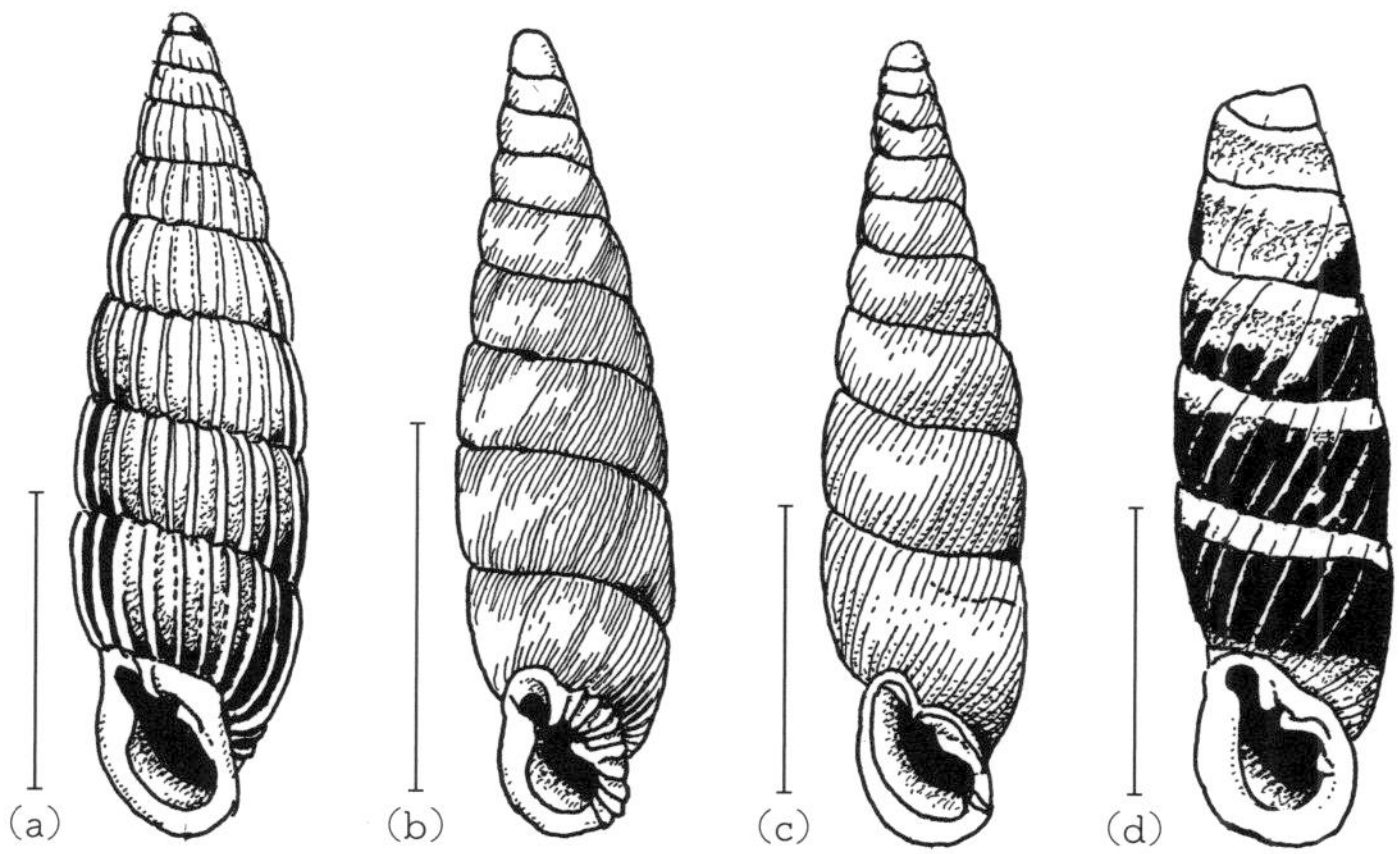

図 4-3　沖縄島のキセルガイ類（スケールバーは 1 cm）
(a)リュウキュウギセル，(b)キンチャクギセル，(c)ツヤギセル，
(d)オキナワギセル

また、かなり特異な使用例だが、国頭村の奥では、ヤンバルヤマナメクジという大型のナメクジ（ユダイムシと呼ぶ）を、ハブの咬傷の治療に使ったという聞き取り記録がある。ナメクジをハブに咬まれた傷口に置き、血を吸わせるという話である。話者自身がそのような治療を受けたわけではないが、治療のためのナメクジを採りに行ったことがあると語っている[38]。

ところで、ヤマトでは薬用や呪術的利用のあったキセルガイだが、これまで、琉球列島の島々からは、薬用利用も呪術的な利用も耳にすることがない。例えばヤンバルの森の中では、樹上性のキセルガイであるオキナワギセルの姿はごく普通に目にするし、倒木の裏には、ツヤギセルやキンチャクギセルといったキセルガイも見ることができるのではあるが（図4−3）。

こうしてカタツムリの利用文化に関して見ていくと、沖縄はヤマトの周縁ではなく、別個の文化圏であることがわかる。

第五章　異世界をまたぐカタツムリ

「害虫」でも「食材」でもあった

八重山諸島の黒島でカタツムリ食が行われていたことは前章で紹介した通りだ。黒島でのカタツムリ食についての報告で、著者の野中健一が解析している位置づけは、黒島に限らず、琉球列島のカタツムリ食を考える上で大変重要な示唆を与えてくれる。[1] その概要を以下に紹介したい。

先に引用したように黒島では、雨上がり、カタツムリが地上に姿を現した際に採取し、汁にして食用にした。このとき、「どこ」でカタツムリが採取されるかについての把握が重要であるという指摘がなされている。

黒島の場合、食用のカタツムリ（シダミ）が採られる場所には以下のようなポイントがあった。

「シダミは自家の畑で採るのみで、他人の畑で採ることはない」

「自宅周辺や集落周辺のシダミは汚いとされて採られない」

さらに、この点について野中は次のように書いている。

「シダミを採ろうと思えば、島内どこでも自由に好きな量を採れるにもかかわらず、採取する場所は自家の畑に限られており、他人の畑や野山に出かけて採るほどの積極的な採取は行われていない」

なぜか。それは、積極的に採るほど、カタツムリが食用として重要視されていなかったと考えられるとある。また、自家の畑で採れるだけで十分な量が賄えたからであるとも考えられるという。低島である黒島には田んぼはなく、畑でムギ、アワ、豆類、サツマイモなどがつくられていた。カタツムリはこれら畑の作物の葉を食害する（特に豆類の葉を好んだ）ため、畑のカタツムリ採りは、害虫退治の意味もあった。さらには畑の除草を行い、その草を積み上げておくと、カタツムリが集まるということもあった。

ここで重要だと思われる点が二つある。一つは、カタツムリが、畑の副次的な産物であったことだ。もう一つは、カタツムリが食材である反面、害虫という存在でもあったということである。

・畑には、農作物の生産場所以外の、複合的な意味があった。
・カタツムリは両義性のある存在だった。

前者については、田んぼも、かつてはイネを栽培する場所としてのみ存在していたわけではなかったことにふれておきたい。例えば、石垣島の登野城で、往時の農作業に関して、うとぅすいの方から「昔、田んぼのおみやげは、フナ、タニシ、エビ、それとタークブ（ミズオオバコ）という食べられる水草でした」ということを聞き取った。田んぼでの農作業の傍ら、これらの動植物を採取し、食卓に載せたということである。

田んぼが各地に見られたころ、田んぼやその周辺はエビやタニシ、フナ、ドジョウ、ウナギ、水草など、副食となるさまざまな生き物が得られる場所でもあった。田んぼでウナギを捕ったという話は、琉球列島の各地で聞くことができた。また田んぼで捕れるウナギと川で捕れるウナギとでは、種類も呼び名も異なっていた。一例をあげると、田んぼのものは、奄美大島の瀬戸内町手安ではタウナギと呼ぶ。これは一般的に、蒲焼きとして食されるウナギである。川のものはコーウナギと呼び、これはオオウナギのことであった。西表島の祖納でも、田んぼのウナギはミタオーニ（またはアマリオーニ）、川のウナギはカラオーニと呼び分けられていた。そして田んぼのウナギを捕る方法に、冬場の夜、田んぼの中で寝ているウナギを見つけ、ノコギリで切りつけて捕る、オーニケリという独特の方法（ぬるぬるするウナギをノコギリでたたきつけるように切りつけて傷つけ、捕るという漁法。魚体をすっぱり切ってしまう刃物よりも、ノコギリは捕るのに適しているという）があった。[2]

水田におけるこうした魚介類の採取に関する研究を行った安室知は、こうした農業に携わる人々にとっての魚や貝、エビなどの利用を「水田漁撈」という語によって包括し、その重要性を指摘している。安室は、内水面漁業を自然水界（河川系、湖沼系）で行うものと人工水界（水田用水系）で行うものに分けている。人工水界で行われてきた漁撈は、従来あまり注目されてこなかった。しかし、稲作を中心とする人々の暮らしの中で、一番身近な水界は人工水界であり、かつそこでの漁撈は、自給的正業（動物性タンパク質獲得法）として重要であるだけでなく、社会統合や娯楽など、さまざまな意味が含まれていると指摘している。[3] すなわち、田んぼのように顕著ではないものの、畔を含んだ畑においても、作物以外の収穫物が得られる場であったという認識は重要ではないだろうか。

後者の点については、野中が前出の論文中でさらに分析を行っている。カタツムリは「害虫」であり、「食材」でもあった。そのため、畑にカタツムリ採りに行く際、駆除を名目としながらも、食べたいだけの量を採ってきたという。そのため、害虫だからといって、根絶させるものとしてとらえていたわけではなかった、という指摘もなされている。結果、カタツムリは人と共存し続けた。

しかし、その後、農薬が普及するようになる。畑は、作物とともに副産物が採れる場所から、作物のみを収穫する場所へと変容する。そうした変容の中で、カタツムリが畑から採取されることはなくなった。このとき、採取場所が畑以外の場へ移らなかった理由として、野中はカタツムリには「特別な食用価値」がなかったためである、と書いている。[4] カタツムリは「特別」においしいわけではなく、他に代用を求めることができるものであったということだ。

民謡の中のカタツムリ

かつて琉球列島の広い範囲で見られたカタツムリ食が、現在、ほぼ消滅しているわけは、黒島の場合と同様と考えられる。それにしても、カタツムリが害虫と食材という両義性をもっていたという指摘は大変に興味深い。

黒島のカタツムリ食については、もう一つ、興味深い話題がある。それは黒島に伝わる歌の中に、カタツムリが歌い込まれていることだ。

カタツムリが歌われているのは、ペンガン節、またはペンガントゥリ節と呼ばれる歌である。『日本民謡大観――八重山諸島篇』に収められている歌詞と、対訳を一部、引用する。[5]

1. めんざとぅ　みやらびヨー　スーリー
まいぬぴーぬ　ぺんがんとぅれーヨー
スーリ　トゥイルカラヤ
ぺんがんとぅれーヨー

2. またん　びきれたーヨー☆
ぴーぬぷかぬ　ぶーむちうちぇヨー☆
ぶーむちうちぇヨー

（中略）

11. ふきむらみやらびヨー☆
むらぬくしぬ　しんだみぴぃすやーヨー☆
しんだみぴぃすやーヨー

12. またん　びぎれたヨー☆
いりぴざぬ　ふくらびしぃけーヨー☆
ふくらびしぃけーヨー

〔☆はリフレイン〕

宮里〔村の〕　女童（乙女）は　スーリー
前の干瀬のペンガン（蟹の名）取りだ
スーリ　トゥイルカラヤ
ペンガン取りだ

また男たちは
干瀬の外のボームチ（魚名）打ちだ
ボームチ打ちだ

保慶〔村の〕　女童は
村の後のかたつむり拾いだ
かたつむり拾いだ

また男たちは
西磯のフクラビ（魚名）突きだ
フクラビ突きだ

表5−1　ペンガン節に歌われる黒島内の獲物

集落名	女の獲物	種名	男の獲物	種名
宮里	ペンガン	干瀬に棲むカニ類*	フフムチ	ノコギリダイ
仲本	ミーガク	センナリヅタ	ボーダ	キツネブダイ
東筋	ギシクン	リュウキュウヒバリガイ**	イラブチイ	ブダイ科の魚
伊古	シンナマ	ミナミキビナゴまたはアイゴの稚魚	マクガン	ヤシガニ
保里	タマミナ	ニシキウズガイ***	イラブネ	エラブウミヘビ
富慶	シンダミ	カタツムリ	フクラビ	カワハギ科の魚

*カノコオウギガニという説もある(7). 渡久地はカノコオウギガニ以外にも, 干瀬で得られるカニとしてイワオウギガニなども考えられるので, カニ類とする, とある.
**渡久地はリュウキュウヒバリガイまたはヘリトリアオイガイとしている.
***アマオブネという説もある(8).

この歌には黒島内の六つの集落が順番に登場し、それぞれ、女たちが採るものと、男たちの捕るものが対になって歌い込まれるという構成となっている。歌の中に登場する獲物について、サンゴ礁地形と漁業の関係についての研究を重ねている渡久地健さんが著書の中で解説している生物名を、表5−1にしてまとめてみる[6](先の『民謡大観』における生物名の表記と異なるものがある)。

表を見てわかるように、この歌は、「サンゴ礁を漁場とする男女の漁撈活動をメインに謡った歌」である。[9]陸上で得られる獲物は、ヤシガニとカタツムリ(ウスカワマイマイ)に限られる。ただし、ヤシガニは生息地として石灰岩地を好むし、カタツムリも石灰岩地には多いから、陸域も含めた低島のサンゴ礁地形の生物相をよく歌い込んだ歌であるといえるだろう。

「永遠」の歌とカタツムリ

八重山諸島にはもう一つ、カタツムリが登場する歌がある。これは西表島の干立の種取り祭のときに歌われる。以下に紹介する歌詞は、干立出身のY・Iさんに、集落のお祝いの際につくられた手ぬぐいに印刷されたものを、筆写させてもらったものである。

1．カナヌパタタヌアブタマ　パニバムイトブケー
井戸のまわりのカエルに羽が生えて飛んでいくまで

＊バガケーラヌイヌチ　シマトゥトゥミアラショーリ（＊はリフレイン）
＊私たちの集落が栄えますように

2．ヤーヌマールヌ　キザメマ　ウーブトゥウウリ　ヤクナルケ
家のまわりのカタツムリが海に入ってヤコウガイになるまで

3．ヤドゥヌサンヌ　フタジメマ　ウーブトゥウリ　ザンナルケ
家の桟のヤモリが海に入ってジュゴンになるまで

4．グシクヌミーヌ　バイルウェマ　ウーブトゥウリ　サバナルケ
石垣のイシガキトカゲが海に入ってサメになるまで

5．プシキヌケタラヌ　キザゴナマ　ウーブ
ヒルギの下のヒルギシジミが海に入ってシャ

トゥウリ　ギラナルケ　　　　コガイになるまで

井戸の周りで飛び跳ねているカエルに羽が生えて飛んでいくまで……というのは、あり得ないことだ。つまり、「カエルに羽が生えて飛んでいくまで」というのは、「いつまでも＝永遠に」という意味である。永遠に集落が栄えてくださいと、祈る歌なのである。以下、集落の周りで見られる小動物が、海に入って……という比喩によって、繰り返し永遠を言い表し、集落の繁栄を願っている。

里周辺は、耕作地をはじめ、人間の営為の影響を強く受けた自然が存在する、里山と呼ばれる環境である。西表島では、集落は海に面しているので、集落前のリーフに囲まれた浅い海（イノー）も、人々の日常の生活圏に含まれていた。そのため、この歌に登場する生き物には、里山だけでなく、イノーやマングローブ林など、集落周辺の水辺環境で見られるものも含まれている。しかし、陸の生き物と海の生き物が必ず対になっているのは、渚が折り目となって、海は別の世界であるという人々の意識の表れがあるからだ。

例えば、この歌に登場する生き物の中でジュゴンを取り上げると、そのことがはっきりする。ジュゴンは、潮が満ちるとリーフを越えてイノーの中に入り込み海草を食べるが、潮が引く前に、リーフを越えて再びイノーの外に出ていく。西表島の人々にとって、イノーの外はフカと呼ばれる、それこそ、神の世界であるニライカナイに通じる別世界である。ジュゴンはそうしたフカ（神の世界）と、イノー（人の世界）とを行き来する生き物と考えられていた。この点に関して、ジュゴンについて書かれた本の中に、以下のような記述を見ることができる。

「ジュゴンはニライカナイからの神の恵みであり、ユリムン(寄り物、魚介類)であった。沖縄島の大宜味村の神事に出てくる古謡(神歌)の中にもジュゴンが登場する。その内容は、遊びを終えたニライカナイの神が、ジュゴンとともに海に帰るというものである。沖縄の人々にとってジュゴンは海の神であり、ニライカナイの神の分身であった[10]」

沖縄の島々には、ジュゴンが津波を予言するという伝承があり[11]、これも、このようなジュゴンの習性に由来するものだ。

ただし、西表島の海岸を歩いていると、貝塚の跡から、貝殻やイノシシの骨に交じり、ジュゴンの骨が見つかることがある[12]。イノーに入り込んだジュゴンは、古くから捕獲され、食用にもされてきたのだ。しかし、ジュゴンを食べる際には、その肉は家に持ち帰らず、浜で料理しなければならないとされ、もしその禁を破ると、その人の家人に不幸なことが起こるという言い伝えもあった[13]。ジュゴンは「聖なるもの」と「俗なるもの(食べ物)」の両義性を帯びており、だからこそ、食べ方には注意が必要とされた。カタツムリの両義性とはまた別の両義性を、ここに見ることができる。

あの世とこの世を行き来するもの

ジュゴンのように「この世」と「あの世」を行き来すると考えられていた生き物は、ほかにもいる。木の枝のような姿をした、ナナフシという虫がいる。日本のナナフシ類については、分類学上の検討がまだ十分ではなく、学名未決定種や未記載種、疑問種も含み、現在では二八種ほどが知られている[14]。また、移動能力の低いナナフシは、琉球列島においては島ごとに異なる種類が見られる場合も多く、特定の島嶼でしか見ることのできない固有の種類の存在も知られている。例えば沖縄島において見られる種類をあげると、コブナナフシ、オキナワトガリナナフシ(南部)、アマミトガリナナフシ(中・北部)、トゲナナフシ、オキナワエダナナフシ、ニホントビナナフシ、タイワントビナナフシの合計七種となる。このうち、一般に見かける機会が多いのは、互いによく似た姿をしており、また沖縄島で見られるナナフシの中では最も体長の大きなオキナワトガリナナフシやアマミトガリナナフシであり、都市部に残された緑地である那覇の末吉公園などでもその姿を見ることができる。

昆虫は、すべての生物の中で最も多様な種類が知られる分類群であり、身近に見かけるものも数多い。そのため古くから人々に認知されてきた分類群でもあるが、一方、種類の多さもあって、明治以降、近代科学による分類と命名が日本に持ち込まれるまでは、そのすべてに固有の名称が与えられてきたわけではない。例えば日本最初の全国方言辞典である『物類称呼《ぶつるいしょうこ》』(一七七五年刊)には、クマバチ、カイコ、ヒグラシ、カブトムシなどの昆虫の名と方言名があげられているが、チョウは「てふ」、トンボは「とんぼう」という総称しか取り上げられておらず、またナナフシは名称自体、取り上げられていない。

方言名がつけられた昆虫というのは、何かしら人との関わりがあるものということができるだろうし、その多少によって、人との関わりの深さが測れると考えられる。

『昆虫名方言辞典』をひもとくと、多くの方言名が収集されているものとして、アリについては四三の方言名(似た名称は取りまとめられている)が紹介され、カブトムシにも三九の方言名が紹介されている[15]。なかでも方言が多い昆虫としてはカマキリがあげられ、一三八もの方言名が紹介されている。

ところがこの辞典を見ると、ナナフシは全国から四つの方言名しか集められていないことがわかる。和歌山県の「あおとかげ」、静岡県の「かっさぎむし」、同じく静岡県の「せんにんごろし」、神奈川県の「たけのふし」の四つである。アリの方言名が多いのは何よりも身近な昆虫だからだろうし、カブトムシやカマキリは、子どもたちの遊び相手として多くの地域で独自の名前がつけられたのが、方言名の多さの理由だろう。そしてこれらの昆虫と比べたナナフシの方言名の少なさは、それほど身近な虫とはいえず、子どもたちの遊び相手にもなってこなかったことの反映だろうと考えられる。

ところが、聞き取り・文献調査[16,17]を行ったところ、琉球列島の島々には、ナナフシの多様な方言名があることがわかった(表5−2)。

表 5–2　琉球列島におけるナナフシの方言名

屋久島	タケムシ
口永良部島	タケムシ
奄美大島	ガガ
徳之島	ケィンムンマー，シチニンゴロシ，シャックハイムシ，ウシドク
沖永良部島	ヤマガガ
喜界島	グシームシ
与論島	ハリヤマハガ，キョーリバタムシ
沖縄島	ソーローウマ，パジー，グソウウマグヮー，グソーノウマ，ソーロンウマ
宮古島	マズムヌファムラ，キーマズムヌ，キーサートゥ，マズムヌツカイ，マズムヌカタブニ，マズムヌヌーマ，マズムヌガタ
来間島	ヤマヌーマ
池間島	カンヌヌーマ
伊良部島	ナナパズマーロ，マズムヌヌカサギー，マズムヌヌノーマ
多良間島	カンヌヌーマ
石垣島	テインンジゥーンバーシゥマ，アパピヤポン
鳩間島	タンコウムシ
波照間島	キッチィンムシィ

興味深いのは「ソーロー（精霊）」や「グソー（後生）」、または「マズムヌ（化物）」と結びつけられた呼称があることだ。徳之島ではケィンムンマーという呼称があるが、ケンムンは樹上を住処にすると考えられていた妖怪だから、これも「化物」の範疇に入るだろう。また、呼称から、ナナフシに「毒がある」とか「殺すとよくない」とかと思われていたこともわかる。

このような名が与えられたのは、棒状をした特異な姿と、ゆっくり動く動作の奇妙さからであるだろう。ソーローウマや、グソーノウマという名は、あの世とこの世を、精霊を乗せて行き来する虫ということである。例えば、奄美諸島の与路島では、シバサシと呼ばれる行事のときに、ナナフシをかたどった、ガガと呼ばれる四本足の藁人形を作成する。シバサシは、「身寄りもない遠い先祖であり、ひもじい思いをしている霊（浮遊霊）」や海難死した人の霊など、ウシュッグヮと呼ばれる、祟りやすい霊を祀る日とされる。ガガは、このウシュッグヮの乗り物とされている。シバサシの日には、供物やガガを縁側に供えるが、このときクワの木の皮を剝いた箸も供え、その剝いた皮で幼児の両手首や足首をくくった。これは幼児がガガに乗せられて行かないようにという意味であるという[18]。つまり、ガガ（＝ナナフシ）は、この世とあの世を行き来すると考えられていた生き物なのである。

ジュゴンやナナフシに比べ、カタツムリにそのような聖性や霊性があると考えられていたことはないようだ。しかし、カタツムリも、時に、「世界」を行き来する。

虫送りとカタツムリ

黒島では、カタツムリは食材であると同時に害虫でもあったことは前述の通りであるが、日常的には、食用としての採取が畑におけるカタツムリの個体数の制限として働いていた。しかし、カタツムリが大量に発生し、通常のカタツムリの採取では個体数をコントロールできなくなったとき、集落のツカサ(神女)により「シダミソージ」と呼ばれる祈禱が行われたという。

このとき、浜辺で唱えられる呪文がある。祈禱の際に、「フキ」と呼ぶ、ススキの穂の魔除けを使用するが、唱えられる呪文は、「これは安南(ベトナム)のフキです。これはフィリピンのおじいさんです。これは私のフキです」という意味なのだという。つまり、カタツムリ退治の呪文は、海外——別世界——との結びつきがあることを示している。この呪文の文言は、かつて、南方から人が漂着したという伝承と、その折に、南方では作物に害虫がつかないことを知ったという伝承に基づくものなのだという。[19]

黒島に限らず、かつての沖縄の島々では、農耕儀礼の一つとして「虫払い」や「アブシバレー」などという行事が行われていた。農薬などが普及する以前、農作物を荒らす虫をコントロールすることは容易ではなく、儀礼を通して害虫が発生しないよう祈ることが真剣に行われていたわけである。そして、その際、別世界とカタツムリを結びつける祈禱が行われた。

シダミソージはカタツムリが大発生した場合に行われる祈禱であるが、虫払いやアブシバレーというのは、一年のうちの決められた日に、農耕地から害虫を採り、唱えごとなどをしながら、捕らえた虫を集落近くの海から流し去るといった内容の行事である。このとき、「もっと豊かな国に行きなさい」と言って虫を諭したり、「今度来たら海の底に沈めるぞ」と脅したり、単純に「遠くの島へ行きなさい」と送り出したりした。つまり、このようにアブシバレーは、海の向こうの別世界と結びついているという点がシダミソージと共通している。

ジュゴンやナナフシは、自力でこの世とあの世を行き来する力のある生き物だと考えられていたが、害虫はその逆に、人間の力(祈禱)で、この世から別世界へ送り出せると考えられたわけである。

虫払いやアブシバレーで「追い払われる虫」は、その集落でどんな作物を重視しているかで違っていた。

沖縄島の大宜味村喜如嘉ではイナゴ[20]、東村慶佐次ではスルルムシ(サツマイモの害虫、ナカジロシタバの幼虫[21])が虫払いの対象となったという。こうした虫払いの対象となる「虫」の中に、カタツムリが含まれる場合のあったことが報告されている。

例えば奄美大島に隣接する加計呂麻島の年中行事の紹介の中に、トラネアシビ(初寅の日。四月の行事)があり、この日に、ムシケラシ(虫枯らし)といって田畑の害虫であるフ(カメムシ)やカタツムリを採って海に流す部落もあると書かれている[22]。

沖縄島に隣接する久高島でも、家ごとに畑などから採ってきた、特に農作物を荒らすバッタ類やカタツムリなどの害虫やネズミを紙に包み、バナナの茎でつくった舟に乗せて流す行事がある[23]。海の彼方へ送る「虫」の中にカタツムリが含まれていた。

八重山諸島の新城島の虫払いの際には、畑の害虫のバッタ類やカタツムリを、握り飯と一緒に筏舟に乗せ、「この島は小さくまた狭いのでこれからお前たちは余所の大陸を目ざして行きなさい。ここに乗せてあるにぎりめしはお前たちが渡航中の食糧です。そして大陸についたら、お前たちの親子親戚や友人も皆呼びなさい」と言い渡し、海に流したという[24]。

沖縄島の西に位置する粟国島に伝わる虫ンクチ止門（ムシンクチトゥミジョウ）と呼ばれる農作物の害虫祓いの儀式では、〝ダンチクの一種〟にはりつけのねずみを逆さに吊るし祈願し、そのあとカタツムリと一緒にミンブク（ムシロのようなもの）にグルグル巻きにして、舟にのせ、おもしをつけて海に投げ込むという、かなり荒っぽい扱いがなされるのが特徴だ。そのときの神女の唱えごとも、意訳したものを一部紹介すると、「ネズミやカタツムリ等の害虫よ、あちらこちらの畑を徘徊し、農作物を荒らしているが、作物は食わさんぞ。お前たちの食べ物は別にあるはずだ。鉄の刃物で横からも逆からも突き刺すぞ。三百斤の大石を抱かせて海に持って行って遠い海底に落としてしまうぞ。すると二度と浮き上がれないぞ。農作物を荒らさせないぞ」といったもので[25]、新城島の虫払いの際に害虫たちに投げかける言葉が諭しているのに対し、完全に害虫を脅す内容となっている。

ただし、ここであらためて確認しておきたいのは、虫を別世界に送り出すのは、人間の側の一方的な祈禱によって有無をいわさずなされるのではないことである。虫に対しての、説得や脅しの文句が付随しているのである。

粟国島の南、沖縄島の周辺離島である渡嘉敷島では、「子どものころ、三合瓶にカタツムリを集めさせられたことがある」「旧の三月、虫バレーといって、カタツムリとか、虫を採って、サバニに乗せて、沖まで行ってから海に流した」という話を聞いた。渡嘉敷島の虫バレーと呼ばれる行事は、文献によれば以下のようである。

「カタツムリ・蛇・バッタ・テントウムシなどの虫を取ると、各班長の家に持って行く。班長はまとめて浜に持って行き、クバの葉で作った虫船に入れ、サバニで沖に運んで海に流した。このサバニが戻るまで農作物に虫が付かないようにと、字の人達は、食事も煙草も子供に乳を飲ませることもしなかった」[26]

カタツムリとアニミズム

虫送りの際には、渡嘉敷島の例のように、人々が炊事の火をおこしたり、食事をしたりするのを禁じた場合もあった。

往時の沖縄島国頭村安田におけるアブシバレーの様子についての報告がある。この日は、村中の男女が集まり、浜に行き、仮小屋を建てて一日遊ぶ。それと同時に、虫払いの行事がある。これは、サツマイモの害虫を駆除するための祈願だといわれている。このとき、一人の男性を選び、海岸の洞窟の中に、食事を与えずに押し込めておくことが行われていた。これは「斯《かく》の如く餓《う》えさせてやるぞという、見せしめの為だと言う。夕方皆が家路を辿る頃に、其《その》男はそろそろ洞穴を出て帰宅するのである。昔は字に於て虫になる男を選定して派遣したものらしいが、現近〔一九七〇年ごろ〕では一日の日当を与えて雇うのである」と説明されている[27]。

国頭村安田の例では、洞窟にこもる男は「虫になる男」と表現されている。「虫になる男」が断食をすることによって、虫も餌を取ることをやめる＝作物に害を与えなくなる、と考えられていたわけである。

カタツムリは、ジュゴンやナナフシのように聖性や霊性をもつとは考えられていなかった。一方、害虫という側面がある。農薬の普及していなかった時代、害虫のコントロールは、必ずしも人間の思うようにはできなかった。そのため、虫封じの祈禱が行われた。人間の一方的な力で虫を封じることはできない。虫を封じるためには、虫にいうことをきかせる必要がある。すなわち、まず、虫を対話のできる相手として認める必要がある。虫と対等の関係性をもつことで、虫を説得したり、脅したりできる。また、人間の行動をもって、虫の行動をコントロールできるようになる。虫送り、虫封じの基底には、このような原理があるように思える。

虫は人とは別世界の、物言わぬ者たちであると同時に、あるときは人の行動や言語を理解する者たちとしてとらえられた。ここにも、両義性が存在している。

この点を、よりクリアにする興味深い例がある。西表島の祖納で行われていたという行事の報告がそれである。

「西表島祖納（祖納）では、四月のキノトか寅の日に「ムヌンイミ」（物忌）が行われる。神人が拝所を拝み、虫を包んで海に流す。昔はハマユウの皮をはいで顔につけ、しばらく浜で寝る行事があった。これはカタツムリが冬中膜をはって活動停止することに擬したもので、農作物の豊作を願ったものとされる[28]」

竹富島でも、農作物へのカタツムリの害が激しいときに、「カタツムリのムヌン（物忌み）」を行ったという。浜へ女性が出かけ、オン（御嶽）に祈ったあと、浜の上の野原に集まり、全員でハマオモトの根を掘り、その白い薄皮を剝ぐ。

「そしておのおのその白い薄皮を口に当てて張り、ちょうどガムかビニールで口をふさいだような状態で全員が一定時間野原に横になって寝る。崎山さんはこの不思議な行為を、「カタツムリの口をしめる呪いだ」と語る[29]」

カタツムリは乾燥すると、殻口にエピフラムという膜を張り、殻内に閉じこもってしのぐが、このさまをまねているのだ。人がカタツムリのさまをまねることで、人とカタツムリの間の回路がつながるという考えである（崎山さんの語りを報告した野本寛一はこれを類感呪術と評している）。西表島祖納のムヌンイミで行われていたことも同様の意味合いだろう。

この話から、ロシア・シベリア地方で狩猟生活を送る先住民のユカギールの人々の暮らしを追った、レーン・ウィラースレフの『ソウル・ハンターズ』に書かれていた印象深い内容を想起した[30]。それは、ユカギールのハンターがヘラジカを狩る際に、その皮を身にまとって近づいていくさまを描いた場面である。ハンターは、ヘラジカの皮をかぶることでヘラジカをまねる一方、ライフルを手にし、また、帽子の下からは人間の顔がむき出しのままという、明らかに人間の姿で獲物に近づいていく。つまり、ハンターは獲物となる動物のまねをするが、それは部分的なものに限られる。なぜ、すっかりまねることをしないかといえば、「まねしすぎること」は、対象と一致してしまう危険性があるからだ。

ユカギールの世界では、動物にも人格が宿っている。うっかり動物側に近づきすぎることは、動物へと変身し、人間に戻れなくなることでもあるのだ。だから、彼らは「ヘラジカであり、人間のままでもある」という境界線上にとどまることにおいて、獲物に近づき、かつ獲物を倒して持ち帰ることが可能になる。

こうしたユカギールの世界観は、アニミズムと呼ばれるものだ。このような世界観につながるものの見方を、八重山の島々における、カタツムリのまねをする人々に見ることができる。

表 5–3　豊見城の虫払いで追い払われる虫

集落	追い払われる虫
儀保	アージエー（バッタ）
我那覇	タームムサー（田芋虫*）
田頭	パチパチー（キスジノミハムシ）
与根	バッタなど
渡嘉敷	ウージヌシン虫（サトウキビの害虫，和名不詳）→チンヌク虫*（サトイモにつく害虫）へと変わる
根差部	シンムシ（サトウキビの害虫）

＊田芋虫やチンヌク虫とはスズメガの幼虫のことだろう．

虫払いの変容

奄美大島の生活について書かれた『奄美生活誌』には、ハマオレと呼ばれる行事の説明として、一人の男が年男として一日中断食し、田んぼから茎の中を食い荒らすガの幼虫の入っているイネを採ってきてバジ（クワズイモ）の葉に乗せて海に流す……といったことが書かれている。[31] 一方で、この行事はイネの害虫や病気を除く祭りであり、稲作祭事の一つであったため、稲作に力を入れなくなった現在はうやむやになっているとも書かれている。この一日中断食する男は、国頭村安田の「虫になる男」と同じ役割を果たすものとして考えられていたのだろう。ただし、ここに書かれているように、虫払いは、農業の形態が変われば変容を余儀なくされる。

沖縄島南部、豊見城では、集落ごとに表5–3のような虫が、虫払いの際に「追い払われる虫」とされている。[32]

豊見城では虫払いの行事が続いているようだが、虫払いの際の「害虫」とされる対象がこのように多様化しているのは、かつての自給的な作物生産（イネ、サツマイモ）から、さまざまな商品作物の生産（サトウキビ、田イモなど）へと変化していることを反映しているためと考えられる。

安田と同じ国頭村に属している奥集落のアブシバレーについて調べてみると、『奥のあゆみ』には、

「この日は「アシビ《マ》ニゲー《マ》ウ」と称する人を一人えらび、酒を飲ませて一日中穴ごもりさせた。この人は人目につかないよう、日が暮れるまで穴ごもりしなければならない。この人に誰一人見られなければ、虫退治ができたとされていた。だから大人たちは子どもたちに「アシビ《マ》ニーゲート《マ》ウ」に見られると死んでしまうと教え、外で遊んでいる子どもたちを家の中にかくしたという」とある。このアシビニゲートウと呼ばれた人も、安田の「虫になる男」と同じ役割を果たす者としてふるまった。ただ、奥の場合でも、こうした風習は、時代とともに急速に変容していったようだ。一九四八年生まれのＫ・Ｍさんにアブシバレーの話をうかがったところ、以下のような話が聞き取れた。

「僕らのころに大きく様変わりしているようです。僕らのころにはアシビニゲートウはいませんでした。一九二二年生まれと一九二三年生まれの先輩に聞いたところ、先輩たちのころはアシビニゲートウがいたそうです。先輩たちのころは、集落一の酒好きの爺さんが指名されました。Ｓ・Ｎさんが選出され、酒を飲ませて川沿いの田園地帯の畔を廻らせ虫払いをさせたといいます。集落住民は浜で行事をしていたのですが、この爺さんは、その行事には参加しませんでした。一日畔を歩き回って、酔っぱらって、そのまま寝込んでいたそうです。先輩たちのころも、アシビニゲートウの穴ごもりはなかったようです。僕らのころは、戦後になってウマが奥に入ってきたので、ウシとウマが広場に引き連れられてきて、獣医が指導して、ウシ、ウマの健康状態や体長測定などをしたあと、ウマの競争がありました。学校も昼から休校になり、海岸に行き、男子は相撲を取り、婦人たちは舞踊をしました」

奥の場合、Ｋ・Ｍさんの子ども時代はなお、稲作は続いていた。しかし、すでに「虫になる男」は存在せず、K・Mさんよりも二〇歳年長の人々の時代でも、すでに「虫になる男」の行動が変容しており、「虫になる」ことをやめていた。農業形態の変容に先立ち、アニミズム的なものの見方に変容があったということではないだろうか。

沖永良部島の虫払いの場合は、明治一五（一八八二）年ごろに中止となったといい、文献を見ても、どのような行事が行われていたかについての記述も見られなかった。[33]このように、かなり早くに虫払いがすたれてしまった地域もある。

妖怪とカタツムリ

カタツムリは害虫として、人間の手によって、この世から別世界へ飛ばされることがある。この世のものではないものとカタツムリとの関わりでいえば、妖怪とカタツムリの関わりについても、取り上げておきたい。

妖怪とは何か。妖怪は人間の恐怖心が大元である。なので、妖怪はあらゆるところに出没する可能性をもっていると、小松和彦は『妖怪学新考』の中で書いている。ただし、妖怪がより出やすい空間というのはある。人間は、世界を分割する。「食べられるもの」と「食べられないもの」、「安心なところ」と「危険なところ」などなど。すべてのものの名前、生き物の分類も、こうした人間の世界の分割によって生み出されている。ところが、分割には必ず境界の発生が伴う。そうした境界こそ、妖怪の出没しやすい空間だ。周辺的であいまいな空間、崩壊や死を暗示させるような空間、例えば墓場や辻や峠は妖怪の出没ポイントとされる。[34]

沖縄独自の妖怪にキジムナーと呼ばれるものがいることはよく知られている。赤い体に長い髪、ガジュマルの木の上に住むというキジムナーは、近年ではキャラクター化された絵を見かけることも多い。キジムナーはキジムンの愛称形で、キジムンのムンは、日本語のモノノケなどの「モノ」と同じく、正体のわからない対象を指す言葉であると考えられている。[35]つまり、キジムナーという名は、おおよそ、木に憑《よ》りついている精霊とでもいう意味合いがあることになる。

沖縄のキジムナーによく似た妖怪が、奄美大島や徳之島に伝わるケンムン（ケンモン）である。そして、ケンムンとキジムナーに共通して、カタツムリを好んで食べるという特徴があげられる。

奄美大島に伝わる伝承を一つ紹介する。

「ケンモンの常食は、ツンダリ（蝸牛）で、法木（アコウ）の根元には、食い残しの蝸牛の殻が一ぱい溜っている。又ナメクジを丸めて餅だと云って食う。ある山間の一軒家の子供が行方不明になった。父母は心配して心当りのところを、探して見たがいない、翌朝になって、法木の下に坐っている事がわかった。夜中にケンモンに引きまわされて、蝸牛をしこたま食わされたという[36]」

加計呂麻島にもケンムンとカタツムリに関する伝承がある。

「ケンムンは、（中略）ガジュマルの木の下にすみ、ツンダリ（かたつむり）やナメクジや魚・貝などを好んで食べるといい、章魚《たこ》とギブという貝は大きらいだという[37]」

『座間味村ふるさと昔の話』の中には、キジムナーが同様に、カタツムリを好むという話が紹介されている。[38]話者の近所にウスクガジュマル（アコウ）が生えていて、そこをキジムナーが住処にしているといい、次のような話が語られている。

「戦前、まだ私たちが小さい頃、キジムナーは昼は出てこないで、夜になり、急に青い火が見えると、海の上をどこまでも通っていました。そんな様子を陸上でもよく見たものです。また、夜になると、キジムナーはあっちこっちに渡って、ツンナン(蝸牛)をよく食べていました。そんな時、「キジムナー」と一言でも発したら、すぐに近寄ってきて焼かれて、大火傷をするという話があり、私はとても恐い思いをしました」

キジムナーは「沖縄独自の妖怪」であると書いたものの、沖縄の中でも、キジムナーと呼ばれる妖怪の伝説が伝わってきたのは沖縄島だけであり、さらに沖縄島の中でも、地域によって同様の妖怪はセーマやブナガヤーなどと、呼び名を異にしていた。また、石垣島にはキジムナーと呼ばれる妖怪は伝わっていないが、その代わり、キムヤーと呼ばれる妖怪の存在が信じられていた。キムヤーは、年老いたガジュマルの木が、長髪で全身に毛が生えた妖怪と化すという伝承であり、この妖怪は、やはりツダミ(カタツムリ)を食べると考えられていたという。[39]

こうした伝承は、ガジュマルやアコウなどの根元の隙間にカタツムリの殻がたくさん転がっていることがあるから生まれたものだろう。

奄美大島同様、ケンムンの存在が信じられていた徳之島の井ノ川集落では、次のような話を実際に聞いた。井ノ川ではアコウの木の上にケンムンが住むと言い伝えられていたので、話を聞いたうとぅすいたちは、今もアコウが「怖い」のだという。

「オオギ(アコウ)が怖い木ですが、ガジュマルはどうでもない木です。島によってはガジュマルが怖い木といいますね。ケンムンは座ると、ひざが頭の上にまであってと。見た人もいるというけど。

ケンムンはおるよ。チンニャン（カタツムリ）を食べた後の殻が落ちているのはケンムンが食べたものだから。ケンムンは見たことはないけれど」

カタツムリの殻がたくさん落ちているのが、ケンムンの実在を示す証拠であると考える人が、現代もなお、いるわけなのである。

学生たちは、殻だけになったカタツムリを見て、中身がどこかに出かけて行った（「カタツムリ＝ヤドカリ説」）などと思ったりするわけだけれど、殻だけのカタツムリを見て不思議に思う感覚は案外、古《いにしえ》の人々と共通している。

第六章　アフリカマイマイは害虫か、天与の恵みか

夜間中学生の語りから

沖縄には激烈な地上戦にさらされた歴史がある。そのため戦中戦後の混乱期、満足に義務教育を受けられなかった人が少なからず存在する。そのような人のために、那覇市内に設立されたＮＰＯ法人珊瑚舎スコーレが二〇〇四年に夜間中学を立ち上げた。私は、その夜間中学で、しばらく理科の授業を担当していたことがある。[1] このとき通ってきていたのは六〇～八〇歳代で、女性が多かった。

小学校にすらほとんど通っていなかった人もいたのだが、いずれも向学心に富んでいた。さらに、年齢を重ねているだけあって経験は豊富である。授業が始まると、さまざまな発言が飛び交う楽しい場面が繰り広げられた。ある日、そんな夜間中学の理科の授業の中でカタツムリが話題にあがった。

「庭にカタツムリがいるんですけど、害になりますか？　アフリカマイマイは悪いって言いますよね」

Ｙさんが、授業ののっけから、そんな質問をしてきた。

これで、生徒みなが「カタツムリモード」になってしまう。

さっそく、「ナメクジ、雨が降ったら目につくけど、どうしてわくのか？」という質問が飛び出す。「最近、黒いカタツムリ見たけど、初めて」と言うのはHさん。沖縄に多いカタツムリの種類の一つにシュリマイマイがある。産地や個体によって、かなり黒っぽいものがいるから、それを見たのだろう。

「カタツムリは卵を見たことありますよ。アフリカマイマイは庭の石垣におりますけど卵を見たことがない。ナメクジは卵産むんですか？」

こう聞くのは、最年長のYさんである。Yさんの発言でまずわかるのは、Yさんの中には「カタツムリ、アフリカマイマイ、ナメクジ」という区分があるということだ。先に書いたように、沖縄の人々には、カタツムリとアフリカマイマイは別物として認識されていることがある。また、大学のゼミ生たちとのやり取りの中で、カタツムリがどうやって増えるのかがわからないという発言があったことも先に紹介した。照喜名愛香さんのアンケートの自由記述欄にも「カタツムリは赤ちゃんのときから殻がついているのか」「カタツムリはどのようにして生まれるのか」「カタツムリはどのように増えるのか」といった質問が寄せられていた。一方、夜間中学の生徒であるYさんは、カタツムリが卵生であることを、きちんと認識していた。

沖縄の民家はかつて石垣で囲われることが多かったが、こうした石垣の隙間にカタツムリが卵を産むことがしばしばある。白い、硬い殻の小さな卵が固まって産み出されたものを、Yさんは見たことがあるのだろう。カタツムリの幼貝は、卵から孵化したときから小さな殻を背負っている。石垣の隙間などに産みつけられたカタツムリの卵の中には、うまく孵化できなかったものも見受けられるのだが、そうした卵の殻を注意深く割ってみると、中に孵化以前の状態の、小さなカタツムリの殻が入っていることがある。ただし、すべてのカタツムリが卵を産むわけではない。カタツムリでも細長い殻をもつキセルガイの仲間のように、幼貝を直接産み落とすものもいる。また、アフリカマイマイの場合、卵は土の中に産み出される。Yさんが見たことがないのは、そのせいではないだろうかと思う。アフリカマイマイの卵は、だ円形で黄色っぽい。産卵数は一度につき五〇〜一〇〇個程度だが、大きさによりさらに多い場合もある。海外には一〇〇〇個以上産んだという例もあるという。[2]

「昔はカタツムリを食いよった。おつゆにして。身は食べないけど、ダシをとる。今考えると気持ち悪い」

Yさんは、こうした往時のカタツムリの利用についても話をしてくれた。戦前生まれの彼女は、伝統的な沖縄の暮らしの体験者なのだ。

「アフリカマイマイはアフリカから来たんですか?」という、大学生たちと同様の質問もある。アフリカマイマイは、キラワレモノで有名なわりに、沖縄の伝統的な暮らしの体験もあるはずの夜間中学の生徒たちにも、よく知られていない面があるようだ。

アフリカマイマイは、東アフリカの雨緑樹林地帯が原産とされているアフリカマイマイ科に属する、雑食性のカタツムリである。日本にはもともと、アフリカマイマイ科のカタツムリは分布していなかった。海の巻貝のような先細りの殻をもつ大型のカタツムリである（図1-1）。アフリカではアフリカマイマイ科のカタツムリは仲間の種数が多く、アフリカマイマイより大きい種類も知られている。アフリカ原産ということもあって、寒さには弱く、気温がセ氏四度以下になると死ぬ。なお、寿命は三〜四年程度で、多くは二年ほどだが、飼育下では一〇年以上生きたという報告もある。[3]

夜間中学の生徒たちは、今の大学生と比べてアフリカマイマイとの関わりが深い。

「アフリカマイマイ、食いよった。あとブタの餌なんかにもした」

「アフリカマイマイ、戦前は箱に入れて飼っていたよ。配給で配られたさ」

「戦後はカタツムリやカエルも食べました。カタツムリは畑にいる小さなものです。アフリカマイマイを食べたのは戦時中です」

こんなふうに、しばしカタツムリ談義に花が咲いた。このやり取りは、私がカタツムリと人との関わりに特別の関心をもつようになる以前のものだったので、こうした話をしてくれた夜間中学生の出身地がどこであったか記録がないことが残念だ。また、授業内のやり取りを記録するにとどまり、それ以上の聞き取りもできていない。今にして思えば、大変貴重な機会を逃してしまったと後悔している。

それでも、戦前の記憶をもつ夜間中学生たちにとって、カタツムリは今の学生たちよりも身近な存在であったことは確かだ。何より、食べることがあった。その中にアフリカマイマイも含まれていた。

「アフリカマイマイを食べた」

あちこちのうとぅすいの方々から、この話を耳にした。

モービルてんぷらとアフリカマイマイ

夜間中学の生徒の話の中で驚かされたことの一つが、戦後の食糧不足の時代に食べたという「モービルてんぷら」の話だ。モービルてんぷらというのは、機械油で揚げたてんぷらのことである。

一九三四年に那覇市で生まれたH・Gさんの話は以下のようだ。

「モービルはアメリカ軍の基地から盗んだものです。当時は「戦果」と言っていました。誰かが戦果あげたら配りよったですよ。あんたたちまだあるかねーと言って。ドラム缶の集積場があちこちにあって、夜、盗みに入るんです。モービル専用の容器があって、それに入れて持ち帰ります。モービルでも、いいものはてんぷら油で揚げたように、キレイに揚がりますよ。悪いのは泡が立ちます。そのころは食料がありません。配給だけでは足りませんから。アメリカ軍の捨てたゴミの中から、ジャガイモとかニンジンの厚くむいた皮とかを探して、そのままだと食べれませんから、モービルで揚げるんです。ただ、食べすぎると、お尻から油が出たり、下痢をしたりもしましたが」

最初にモービルてんぷらの話を聞いたときには耳を疑ったのだが、そのうち、あちこちで同様の話を聞くこととなった。また、戦後史について記述された文献にもモービルてんぷらの話は登場する。例えば『庶民がつづる　沖縄戦後生活史』の第三章は、その名も「モービルてんぷら」とされているぐらいである。その中に、モービルとはアメリカ製の機械用減摩油のことであり、臭いがきつく、火にかけると黄褐色の泡が立ち、黒煙もあがった、さらに、食べるとよく下痢をして、トイレへ直行することにもなった、それでも当時、モービルてんぷらはごちそうであった、といった内容の文章が掲載されている。[4]

『那覇市史　資料篇　第三巻八　市民の戦時・戦後体験記二』の、モービルてんぷらについての記述を引いてみよう。

「しばらくすると、モビー《ママ》ル油で天ぷらを作って食べるのが流行した。油の種類もいろいろで、黄色くドロドロしたものや澄み切った「一一二〇」と呼ばれるものなどがあったが、臭いがきつく、あまり美味しいものではなかったが、どこの家でも使っていた。結婚式などでも良く使われていた」

このモービルてんぷらの記述に続いて、アフリカマイマイを食べる話が少し出てくる。

「当時の食糧は、軍から無償配給を受け、主食のメリケン粉と肉かん、その他であった。野菜の配給はなかったので、付近の野原へ行き、ヨモギ、ニガナ、ハルノノゲシ等をつんだ。メリケン粉を水でこねて、ダンゴ汁をつくり、それに野菜を入れて、主食にした。また、雨あがりの日には、田んぼや畑の草むらをかけめぐって、蛙やアフリカマイマイ（食用カタツムリ）イナゴ等をとって食用にした」

アフリカマイマイを『沖縄大百科事典』で引いてみる。

「（前略）終戦直後の食糧難の時代（一九四五～五五）には、蛋白質源として広く県民のあいだで食用に供された。アミノ酸含量からみると栄養価は高いとされるが、肉は固くて味は悪い」

やはり、アフリカマイマイが、戦後の食糧難下の食材の一つという位置づけで説明されている。

アフリカマイマイは天与の恵み

モービルてんぷらとアフリカマイマイ食は、ともに戦後の一時期の食として位置づけられているものであるが、モービルてんぷらに比べると、アフリカマイマイを食べた話は戦後史に関する本の中では扱いが軽いように思える。戦後のアフリカマイマイの利用について、一番詳しく記述されているのが、第三章で引用した、知念盛俊さんの聞き書きの記録である。

「戦後はアフリカマイマイをよく食べたが、固いんですよ。アフリカマイマイは普通アンダンスーにしないな。汁のだしなんかにした。(中略)終戦直後はたくさん食べたよ。いやいやながら食べたというよりは、もう生きるために。(中略)終戦直後、アフリカマイマイを刻んでおつゆに入れて食べましたよ。少ないけど自分らでつくる味噌を使用した薄い味噌汁に芋と一緒に入れた」[5]

なお、知念さんは「沖縄住民を餓死から救った生き物たちの横顔」と題される自筆の文章の中でも、アフリカマイマイのことを書き記している。[6]

モービル・オイルの中でも粘性の弱いオイルがよいとされ、そのようなオイルを盗み出した者は一躍、長者になるほどに売れたということも書かれている。また、モービル・オイルの石油臭を抜くための工夫というのもあった。知念さんの家でも、モービルてんぷらをする際には、オイルにミカンの皮やヨモギの葉などを入れるなどしたが、完全に石油臭を抜くことはできなかった、とある。知念さんは、モービル・オイルを使った炒め物やてんぷらを、一九四六年から四八年ごろまで食べたという。

「てんぷらなど食べて四、五時間もすると肛門からオイルが漏れ出した。大人も子どもも皆お尻のあたりがオイルで濡れた。じわじわ濡れて来るから始末におえない。舌を焦がす程に熱いうちに飲み込まないと石油の臭いがして食えなかった」

「石油の臭いがして」とあるが、モービルてんぷらに使われたアメリカ軍の機械油に関しては、鉱物油(石油)ではなく、植物性のひまし油ではなかったかともいわれている。[7] なお、ひまし油は本来、食用にはならず、下剤として使われるのはよく知られている通りだ。

知念さんは、終戦直後の食生活に関して、「貴重なタンパク質源となったアフリカマイマイ」と、アフリカマイマイにかなり力点をおいた文章も書いている。

「粘液を除いた肉（軟体）は輪切りにして味噌汁のダシや油味噌（味噌を油で炒めたもの）の具等にして食べたが肉は固くて丸呑みするしかなかった。朝夕のアフリカマイマイ採集は子どもの仕事だった。サツマイモとアフリカマイマイの味噌汁を常食とすることも、食糧事情が徐々に好転したことで一九五五年頃からアフリカマイマイは豚の飼料として利用するようになっていった。

　食糧事情の好転につれてアフリカマイマイの農作物への被害が問題になったのは一九五五年から一九六五年頃がピークである。駆除のために各町村役場で拾い集めた貝を買上げたのもその頃であった。（中略）猛威を振るったアフリカマイマイも一九七〇年代に入ると衰退が目立ち、現在ではほとんど見掛けなくなった。衰退の原因はつかめないままにアフリカマイマイの被害騒動はおさまった。（中略）一時期、農作物への大きな被害をもたらしたとしても、アフリカマイマイの隆盛を極めた時期と戦争のもたらした「食糧難」時代との重なりは、沖縄住民にとって天与の恵みであったと言える」[8]

　知念さんの文章を読むと、地域にもよるだろうが、アフリカマイマイは戦後の一時期、常食といってもいいほど利用されていたことがわかる。また、現在、アフリカマイマイは「毒」「悪者」扱いされているが、当時の食糧難の時代にあっては、アフリカマイマイの存在は「天与の恵み」でさえあった。

　これを読んで、ソテツと人との関わりと、同様な点があるのではないかということに思い至る。沖縄には「ソテツ地獄」という言葉がある。

　琉球列島のソテツ利用文化について、あらためて光を当てた『ソテツをみなおす――奄美・沖縄の蘇鉄文化誌』という本がある。その本の「はじめに」に書かれている解説を引けば「一九三〇年代の世界大恐慌のなか、砂糖の値段が大暴落して沖縄は経済破綻をしました。人々は食べものを買うお金がなく、「サツマイモどころか毒があるソテツの実や幹を食べた、そのひどかった生活」を象徴的にあらわす言葉として」ソテツ地獄という言葉が使われてきたとある。[9]

ソテツの実や幹には大量のデンプンが含まれ、食用となるが、同時にソテツはサイカシンという命に関わる毒を含む。食用にあたっては、この毒を抜く必要がある。学生たちからしたら、ソテツは「毒」であり、そのようなソテツさえ口にした過酷な時代が「ソテツ地獄」と呼ばれる時代だ。

しかし、実際は、「ソテツ地獄」という言葉は当時の新聞記者によって「つくられた言葉」であり、実際にソテツを口にしていた人々の実感とは異なるものだった。

例えば奄美大島のI・Sさんは「子どものころ、コメを食べるのは年に何回かよ。普段はイモです。今でも自分はイモ食よ。イモのない人はソテツ。あれで育ったのよ。今の人に言ってもわからんが、ソテツは自分らの恩人だからね」と話をしてくれた。ソテツを食べるような地獄ではなくて、地獄のような貧困の中にあって、ソテツがあったからこそ生きられたということなのだ。ソテツは「毒」ではあるが、ある時代を体験してきた人にとっては「恩人」である。

アフリカマイマイも、おかれた時代の状況によって、人々のとらえ方は異なっていた。だからアフリカマイマイを、「毒」「悪者」というイメージだけでとらえることはできない。

アフリカマイマイに関する聞き書き

知念さんによれば、アフリカマイマイが沖縄に持ち込まれたのは戦前であるけれど、そのときは食用とされることはなかったという。

「昭和一八年か一九年ころ、タイワンチンナマーといって金出して買ってね、（中略）方言でタイワンチンナマーともショクヨウチンナンともいう。（中略）戦前は、僕も父親にせがんで、二つ買ってもらった。昔はソーミンが入っていた板の箱（ソーミンバコ）があるんですよね。それに入れて、野菜のくずなどを一緒に入れて養った。食べるために養うじゃなくて、これが卵を産んで、孵化するのを楽しみにしてたですよ。だから戦前は食べてないですよ。また、戦前からいっぱいいたわけではなく増えたのは戦後ですよ。戦争の時に、子どもたちが飼育していたのがみんな逃げ出して、田畑いっぱいにひろがった[10]」

同様の話は、知念さんと同じく南城市佐敷出身の、戦前生まれの女性からも聞いた。

「アフリカマイマイもおいしかったよ。炊いてよ。今みたいに農薬ないから、ドラム缶にサツマイモとマイマイ入れて、お腹の中のものを出させて、炊いたら牛肉のかおり。炊いた汁はブタの餌。酢でもんで洗って、本当においしかったよ。一九三九年ごろ、与那原あたりで、箱に入れてアフリカマイマイ売っていたよ。そのころはショクヨウチンナンっていっていて。肺病の薬だからって。昔は肺病の薬なくてね。でも高くてね。大きいのが五円。五円っていったら大変ですよ。でも、戦争が終わったら、あっちにもこっちにもいるようになって」

戦前、アフリカマイマイが素麺箱《ソーミン》の中で飼育されていたという話は、『佐敷町史二　民俗』の中にも「（方言名・タイワンチンナマー、ショクヨーチンナンナン）昭和十九年ごろまで、各家庭で子どもたちが素麺箱に飼っていた。結核の薬になるということであった。戦後は一時期蛋白質源として多量に食べた。肉はかたくて味も悪い。アミノ酸の種類は多く、栄養価は高いという」という記述が見られる。[11]

沖縄島北部の大宜味村の女性からは、次のような話を聞いた。

「戦後の物のない時代。そのころは魚屋さんがたまに村に来ます。魚をおろして、竿にかけて一夜干しにしました。そういうのが食べられました。それ以外だと正月に豚を屠畜して、甕《かめ》に塩漬けにしておいて食べるというのが習慣です。冷蔵庫のない時代ですから。日常、肉がない時代だったので、アフリカマイマイを食べました。畑の周りにいた大きなチンナンですよ。今はあんまり見ませんけど、手のひらに、持てるか持てないかぐらいの大きさです。これをシンメーナービ(四枚鍋。芋などを煮るのに使った大きな鍋のこと)に入れて煮て、海の貝と同じように殻から引っ張り出して、うんちとかのところは処分して、固いところを取って、きれいに洗って薄く刻んで炒める。ものすごくおいしくて、その味は覚えています。たくさん食べましたよ。今は菌があるとかいうので怖くなりますが。戦後すぐの貧しかったころの経験をいろいろしています」

学生にアンケート調査をした照喜名愛香さんも、自身の祖父(一九四二年東風平生まれ)からアフリカマイマイに関しての聞き書きを行った。

「昔は食べていたよ。アフリカマイマイは夜行性だから、畑の路地ぐゎーの草むらに隠れているわけよ。朝、逃げようとしてるとこを捕まえるわけ。子どもの仕事だったわけさ。朝早く行ったら、アフリカマイマイいっぱいいるから、ザルに採って、お家帰って、鍋にカタツムリと水入れて沸騰させるわけさ。竹を削って、つまようじみたいにしておいてあるから、それでカタツムリの身をサザエみたいに取るわけ。そうしたら、後ろにうんちがついているから、そこは苦いから切って捨てる。身だけになっても、よだれ（粘液）がまだついているから、サトウキビの絞りかすや燃やしたカマドの灰と身を混ぜるわけ。そしたら、よだれがなくなるから、これがアク抜きさぁ。身についた灰は洗うよ。またお湯で沸騰させたら消毒にもなる。ゆでたら、大きいのは小さく切って炒め物にして食べたわけ。好き嫌いで醤油とか胡椒とかで味付けして。感触はそっくりサザエと一緒。コリコリして美味しかったよ。今でもサザエ食べたら思い出すさ」

では、沖縄島以外の島でも、アフリカマイマイは利用されていたのだろうか？　この点について、以下のような話が聞き取れた。

「アフリカマイマイはゆでて身を取って、ヌルヌルをきれいにします。これが大変。きれいにしたら、油で炒めて食べました」（来間島）

「ナンヨウムーナ（アフリカマイマイ）は主に炒め物にして食べた。時には汁にしても食べた。料理するとき、塩をふりかけてぬめりを取った」（宮古島）

伊良部島での利用については、一九五六年生まれの謝花勝一による、以下のような記述がある。

「私がもの心ついた一九六〇年代、このマイマイは豚のエサとして重宝されていた。雨後の夕方はアルミバケツを両手に下げ、マイマイ採りに精を出した。サツマイモや葉野菜を食べる害虫であるから、はっているのを見つけると直ちにたたきつぶすことを教えられた。集めたマイマイは大きな鍋（シンメーナービ）で煮て、中身を抜き取って、腹（内臓のこと）もついたままで屋敷内の小屋で飼っている豚に投げ入れた。たまに、おカズが不足すると、お腹の部分を取り除いて、炒めて人間も食べた。

ヌルヌルした感触の良くない姿からは意外な、海の貝にも共通した歯ごたえのある珍味だったが、たくさん食べさせられたのには閉口した」[12]

また、黒島におけるアフリカマイマイの利用については、以下のような報告がある。

「〔アフリカマイマイは〕まず、殻を割って身を取り出し、内臓は捨てる。次に肉のアクを取り除くため、イロリの灰で四、五回もむ。五、六回水で洗った後に、やわらかくなるまで煮込む。その後に、味噌で煮たり、味噌味で油炒めにしたり、スープにするという調理が行われた」[13]

一方、沖縄島でも、北部の国頭村の奥での聞き取りでは、アフリカマイマイにはほかの呼び名はないし、食べたこともないという話だった。本部町上本部の女性からは、「私の田舎ではアフリカマイマイはあまり見かけませんでした。アフリカマイマイはショクヨウチンナンと呼んでいました」という話が聞き取れた。このように、アフリカマイマイの利用については、地域差がある。

また、戦後の一時期、よく利用されたというのが知念さんの話から読み取れるが、その後、いつごろまで食用として利用されたのかは、まだはっきりと突き止められていない。ただし、一九五八年生まれの男性（南城市出身）からは、アフリカマイマイは食べたことがないという話を聞いた。これは『沖縄大百科事典』の、一九四五〜五五年の間の食糧難の時代にアフリカマイマイが食べられたという記述内容と矛盾しない。一方、一九六八年生まれの男性（那覇出身）から「アフリカマイマイはうまかった」という話を聞き取ったことがある。それからすると、多くの人がアフリカマイマイを口にした戦後の食糧難の時代は一時期だが、その後も一部にアフリカマイマイを食べた経験をもつ人もいるようだ。

表6–1　台湾におけるアフリカマイマイ移入の経緯

1932(昭和7)年	台湾総督府の技師，下條久馬一がシンガポール出張の際，アフリカマイマイを20匹持ち帰る．ただし，このときのものはすべて死滅した．
1933(昭和8)年	下條技師は再度シンガポールより12匹を台湾へ持ち帰り，飼育を行う．このときのものが，産卵，孵化し，増殖する．
同年	田澤震五らが下條技師からアフリカマイマイの分譲を受け，食用カタツムリとして発表，宣伝，売り出した．
1935(昭和10)年	台湾における飼養普及が絶頂を迎える．ただし実際に食用とするより，今後流通が増えるという宣伝のもと，増殖して転売するための飼育が流行した．
1936(昭和11)年	マレーシア方面ではアフリカマイマイが害虫化していることが報道され，飼育熱が冷却，一転，敵視されるようになる．また，税関も輸入禁止とした．

導入の経緯

アフリカマイマイは一七六〇年ごろに食用として、原産地である東アフリカから、まずマダガスカルに持ち込まれた。その後、モーリシャスやインドなどに移入され、一九二二年にはマレー半島とシンガポールに持ち込まれた[14]。

学生とのやり取りで、「誰がアフリカマイマイを持ち込んだのか？」という発言があった(二一一ページ)。この点について、戦時中の一九四二年に九州大学の昆虫学者、江崎悌三らがアフリカマイマイの導入の経緯について書いている[15]。江崎らに紹介されている、当時日本領だった台湾へのアフリカマイマイの持ち込みを、表6–1にしてみる。

やがて日本本土にも、アフリカマイマイは台湾から移入された。もっとも日本本土の場合は、アフリカマイマイは冬期、野外で越冬することができないため、南方の各地のように、移入後に野外で増殖し害虫化することはなかった。

江崎らによると、日本本土におけるアフリカマイマイの移入の経緯は次の通りである。

・一九三五年ごろ、台湾から移入されるようになった。陸アワビの名で宣伝される。
・一九三六年、飼育ブームののち、害虫であることが判明し、輸入が禁止になる。

ところで、先に紹介した聞き書きでは、アフリカマイマイは意外とおいしかったという証言がある。食味をどう感じるかは個人差が大きい上に、食糧事情によっても大きく変化するものだろう。台湾での「食用カタツムリ」としての売り出しの際は、「酢の物、ゴマ味噌、ぬた、照り焼き、コキール、シチュー等に調理して絶好」と宣伝されたという。[16] しかし、一九四二年時点での報告の中で「美味ではない」とし、さらに味覚の問題は別としても、日本人に向く食材とは考えられず、「食用カタツムリ」の名を抹殺する必要があると書いている。

アフリカマイマイに関する総説を書いている、鹿児島大学のカタツムリ研究者冨山清升もアフリカマイマイの味について、「はっきり指摘しておきたいが、食用にはならない。毒はないので、食おうと思えば食えるが、アフリカマイマイは、煮ると固くなり、ゴムタイヤを食べているみたいで、かみ切れないほどで、とても食えた代物ではない」としている。[17]

アフリカマイマイは戦後しばらくして、ぱったりと食べられなくなる。肉質が固く、食用にそれほど向いているわけではないし、何よりアフリカマイマイによる寄生虫症が知られるようになったからだ。

寄生虫の媒介

学生たちの話を聞くと、「アフリカマイマイは毒」と思っている者が少なからずいる。しかし、アフリカマイマイ自体に毒はない。問題はアフリカマイマイが体内にもっている寄生虫だ。アフリカマイマイの寄生虫について、冨山が書いた内容を簡単にまとめると、以下のようである。

アフリカマイマイの体内にいるのは、広東住血線虫と呼ばれる二〇〜三〇ミリほどの寄生虫である。広東住血線虫は、アフリカマイマイとともに、全世界に拡散した。寄生虫には、最終的な宿主にたどり着く前に、中間宿主に寄生するという生活環をもっているものが多い。広東住血線虫も同様で、この寄生虫に感染した最終宿主であるネズミの糞にその卵が含まれていて、これを中間宿主となるカタツムリが食べて感染。このカタツムリをネズミが食べることで、広東住血線虫の生活史がまわる。日本の調査では、アフリカマイマイの三〇％が感染しているという報告がある。人がこの寄生虫に感染すると、脳に入り込んで、好酸球性髄膜脳炎を起こすことがある。ただし、この寄生虫の大半は人に入り込んでも死滅する。また、沖縄だけではなく、広東住血線虫は、アフリカマイマイのいない本土にもすでに分布している。つまり、アフリカマイマイ以外のカタツムリやほかの無脊椎動物も、この寄生虫の中間宿主になっている。すべて経口感染で、皮膚感染はしないことがわかっている。要するに、生のアフリカマイマイを食べたり、生きたアフリカマイマイを触った手を洗わずに何かを口にしたりする行為は危険といえるが、冨山は、アフリカマイマイだけを取り上げて騒ぐほどのものではない、アフリカマイマイだけをことさら怖がる必要はない、と書いている。アフリカマイマイだけが、何か特別に恐ろしいカタツムリ扱いをされているのは、事実と異なると指摘しているわけである。ただし、アフリカマイマイに限らず、カタツムリを触った場合は、念のため手を洗う必要があるとも、冨山は書いている。[18]

実際、オーストラリアではアフリカマイマイではなく、ナメクジを生食したために亡くなった人がいることが、一九九八年一一月一八日付『琉球新報』に「広東住血線虫 注意を 専門家、触らないで豪でナメクジ食べ死亡」と題して報道されている。なお、同記事中には、広東住血線虫症について、一九六九年に全国初の感染例が沖縄で確認されて以降、全国で約七〇例が確認され、うち七割超の五〇例以上が沖縄県内で発生したものと書かれている。アフリカマイマイだけがこの寄生虫症の原因になるわけではないものの、やはりアフリカマイマイの生息している沖縄では、この寄生虫症の発症例が多いこともまた確かである。こうしたことが周知されるにつれ、学生たちの持ち合わせる「アフリカマイマイ=毒」というイメージが生み出されたというわけである。

アフリカマイマイの負のイメージの広がりについて、一つの逸話を紹介する。あるとき、那覇市内にある末吉公園の森を散策中、前から、高校生らしいカップルが歩いてくるのに気がついた。そのカップルの会話が聞くともなく、耳に入り込んでくる。

「先輩の〇〇さんさあ、ほんとにやばいって」

男の子のほうが、女の子に向かって、何度か「〇〇さんはやばい」という話を繰り返している。そして、彼は、こう言った。

「〇〇さん、アフリカマイマイみたいにやばい」

このフレーズが耳に飛び込んできたとき、笑ってしまいそうになったが、アフリカマイマイは、その実態を離れ「やばいもの」を意味する代名詞となりつつあるわけである。

南洋群島のアフリカマイマイ

ところでアフリカマイマイは、台湾から沖縄に持ち込まれ、さらに、各地に広がることになる。これは、戦前、日本の領土が太平洋の島々にまで拡大されており、加えてそれらの島々には沖縄出身の移民が多かったからだ。先に紹介した江崎らの報告にも、この点についての記述が見られる。

・パラオ：一九三八年、日本本土より食用を目的として移入されたといわれる。
・ポナペ：一九三八年、沖縄から持ち込まれたものがはじまり。
・サイパン：一九三九年、移入されたといわれている。

そのほか、テニアン島、ロタ島にも移入されている。なお、ハワイにも、一九三八年に沖縄のものが輸入されたという記述がある。

南洋群島においても、台湾同様、移入後にアフリカマイマイが害虫であると判明したことと、野外で急速な増殖が見られたことから、駆除の対象となった。パラオでは一九四〇年から積極的な駆除が行われるようになるとともに、アフリカマイマイの飼育が禁止された[19]。

南洋群島におけるアフリカマイマイの拡散と利用については、井上達昭の「アフリカマイマイ(*Acatina fulica*)の旧南洋群島への伝播とその戦時下の利用について」という文献が参考になる[20]。

江崎らによって報告されていた以外に、テニアン島への元移住者の女性が、一九三五年ごろ、沖縄の親族から送られてきたアフリカマイマイを飼育し、サイパンやパラオの友人にあげたという回顧を書き残していることが、同論文内で紹介されている。江崎らの報告では、パラオのアフリカマイマイは一九三八年に日本本土から送られたものとされていたが、それより早い時期にテニアン島から送り出されていた可能性があるわけである。

食用カタツムリとして各地に移入されたのち、害虫として駆除されることになったアフリカマイマイであるが、南洋群島においては、その位置づけはさらにまた一転する。マリアナ諸島などで駆除の対象だったアフリカマイマイは、一九四四年になると戦局の悪化とともに食用としての価値が注目されるようになったのである。各戦記や移住者の記録に目を通した井上は、特に「サイパン、テニアンの戦いの記録にはカタツムリを食べた経験談に事欠かない」としている。サイパンの三〇〇キロ北に位置するパガン島の守備隊もカタツムリをよく食べ、そのため高射砲隊では終戦後島を去る前に「蝸牛供養塔」を建てて感謝したと戦記に書かれているという[21]。

アフリカマイマイは戦時中、日本軍人によって、ニューギニア、ニューブリテン、ニューアイルランドなどにも持ち込まれ、驚くほど増殖した[22]。和訳すると「日本人は明らかに太平洋軍事作戦を通じて、アフリカマイマイの拡散を早めた。なぜなら補助食として、カタツムリを島から島へと運んだからだ。(中略)結果、アフリカマイマイはよりひろくオランダ領東インドに広がった。特にニューギニア、ニューブリテン、ニューアイルランドへ」と記している文献もある[23]。

こうして太平洋諸島に広まったアフリカマイマイは、のちに思わぬ影響を及ぼすことになる。

グアム島探訪記

アフリカマイマイが広がった太平洋諸島のうち、横井庄一が二八年もの間、ジャングルに潜んでいたグアム島を、まだ幼かった息子を連れて訪れてみることにした。二〇一二年のことである。このときはまだ、那覇空港発グアム島行きの直行便があった。両島間に直行便があったのは、ともに米軍基地を抱えている島だからだ。那覇空港を朝の一〇時過ぎに出発したユナイテッド航空の飛行機は、三時間あまりでグアム国際空港に着陸した。こうしてみると、両島はかなり近い。時差も一時間しかない。

那覇からの直行便を利用して入国審査を受けた。郊外に建てられたリゾートホテルまで移動し、荷物を預け、街に出てレンタカーを借りて帰ると、もう日が落ちてしまう時間だ。初日は車窓からちらちらと外を眺めて終わってしまったが、太い棹をもつバンブーが林になって、その光景にちょっと驚く。熱帯性の竹類で株立ちとなるバンブーは、在来の植物ではない。つまり、グアム島の自然は、かなり人為的な改変を受けている。沖縄の人里でよく見かける、外来種の低木のギンネムも多い。そのため街とホテルを結ぶ道沿いに広がるのは、沖縄島南部の荒地を思わせる植生だ。

翌日一〇時過ぎに、再度、中心地のハガニアへ向かった(図6−1)。海岸沿いの平地の背後に石灰岩の崖がそそりたち、その上が台地状になっている。こうした風景も沖縄島南部のようだ。台地の上にあるサンタ・アグエダ砦へ行ってみる。スペイン統治領時代のものである。小さなロータリーに、服を売る屋台とヤシの実ジュースを売る屋台が出ているが、あまり観光地らしくない。砦といっても

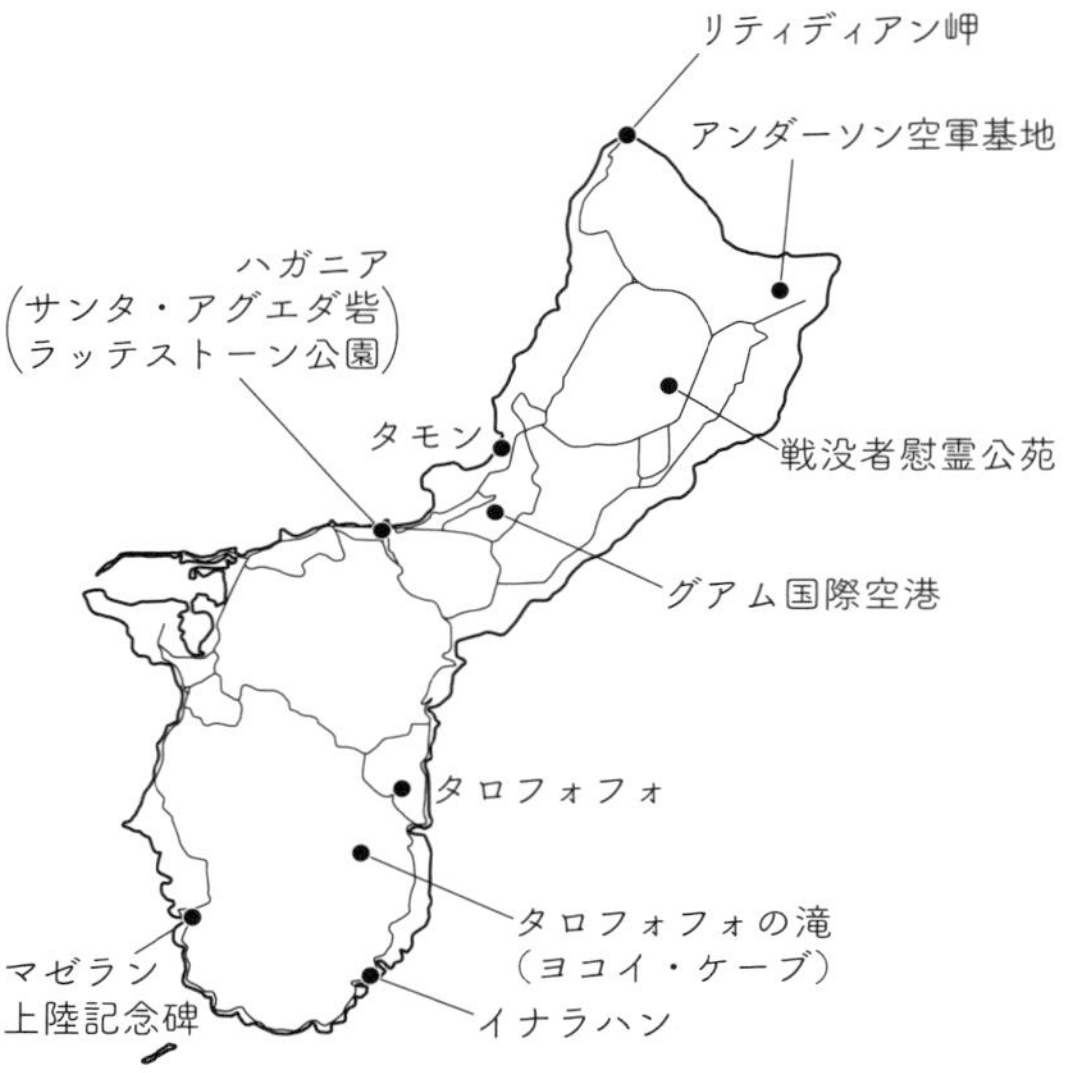

図6-1　グアム島

主要部はほんの小さな石組みで、その上に大砲が三門乗っているだけだ。

長男が草むらでバッタを発見し、追いかけ始めたため、しばしバッタ捕りをすることになる。そのわきのパンノキとギンネムの林床をごそごそすると、ちらほらとカタツムリの殻がある。普通のマイマイ型の殻をもつタイプと尖った円筒形の殻をもつタイプの二種類が見つかる。これは在来種だろうか、それとも外来種なのだろうか？

砦の下はラッテストーン公園だ。ラッテストーンは、グアム先住民、チャモロの伝統的な石造物のことである。石灰岩を削って、杯を縦に引き延ばしたような形の柱状のものが林立しているが、その上に建物が立てられていたらしい。公園のラッテストーンは移築されたものだ。背後にある石灰岩の崖下も覗く。砦と同じカタツムリが転がっている。崖には旧日本軍の掘った壕が遺されている。崖下に転がる石をめくると外来種のアシヒダナメクジが目にとまった。

グアム島の地図を見ると、北部は相対的に平坦で、南部は山がちの地形となっている。北部の地質は石灰岩、南部は火山岩である。これに伴い、海岸も北部ではサンゴ礁起源の白い砂浜で、南部は火山岩が浸食されてできた黒い砂浜だ。

昼食後、北部にある戦没者慰霊公苑に向かう。

公苑は閑散としていた。白い慰霊塔がそびえ、その隣には鉄筋コンクリートの寺が建つ。時折バスに乗った一団がやってきて、参拝したかと思うと、あわただしく去っていく。

周囲は森である。沖縄の中南部、石灰岩地に普通に見られるオオハマボウの木が目立つ。横井が食べていた「毒ガマガエル」こと、オオヒキガエルがいる。アフリカマイマイの殻も転がっている。黒く平べったい、ミミズのように細長い「虫」もいる。扁形動物のニューギニアヤリガタリクウズムシ(図6−2)だ。この生き物も移入種である。

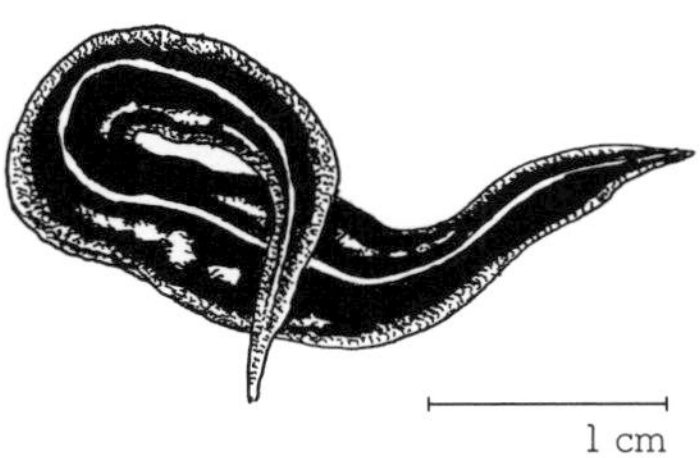

図6–2 ニューギニアヤリガタリクウズムシ

公苑の一角に、下に降りる道があった。息子と二人で降りてみる。道のわきには大型のシダが覆いかぶさるように生えている。下にも、ちょっとした平坦地があった。わきには、太い棹のバンブーが生えている。

「おとう、ウートートーがある」と息子が言う。ウートートーとは、沖縄で、仏壇を前に拝むことを意味する。見ると、広場の端に、碑が建てられ、献花がされている。碑の向こうにはぽっかりと穴が開いている。戦時中の壕の入口だ。ここは日本軍の司令部がおかれ、グアム島の「最後」の激戦地であった又木山だ。息子と手を合わせて、そこを後にする。

そこで一つのカタツムリの古い殻を拾った。殻の口が反り返っているので、小さくても大人だ。マイマイのようにひらべったい形はしておらず、先端が突き出ている。殻の形は沖縄で見る、アオミオカタニシに少し似ている。どうやら、このカタツムリはグアム島在来のカタツムリのようだ。グアム島北部の石灰岩地形や、そこに生えるギンネムやオオハマボウなどの林を見ると「沖縄っぽい」と思うのだが、こうして拾い上げるカタツムリの殻は、沖縄とは違う場所に立っているのだということを実感させてくれる。

三日目。ホテルは島のほぼ中央部にあるので、この日はホテルから時計回りに島の南部をめぐることにする。しばらくは、車を停めることもなく走る。島の南東部に位置するタロフォフォの浜で一度降り、漂着物をチェックした。ココヤシがたくさん打ち上げられている。ニッパヤシも多い。そのほかはゴバンノアシやタコノキの仲間の実が多い。ソテツの種子もある。ナンヨウソテツのもので、日本のソテツよりも種子が大きい。

「タロフォフォの滝」という道路表示から、海岸線に沿った道路を離れ、少し内陸へ進んだ。内陸部に入って、少しあぜんとしてしまった。「荒れた」風景が目に飛び込んできたからだ。赤土がむき出しになっているところも多い。木が生えていても、外来のギンネムやユーカリの貧弱な林である。地図によると南部は山が多いように見えたのだが、森が残っていないことに驚かされた。あとで本を読むと、狩猟(獲物となるシカは持ち込まれたもの)などを目的とし、かなり古くから山に火入れをしたりしたためであるようだ。横井が二八年間「ジャングル」に潜んだという話を聞いて、勝手にうっそうと茂った山地を想像していたのだが、実際は、はげ山に近いような荒地が広がっている。そうした荒涼とした風景が広がるが、谷沿いには、ややまとまった緑地が見える。横井は、そうした谷沿いの緑地に潜んでいたわけである。「ジャングル」の地面に穴を掘って、日中はその洞窟の中に潜んでいた。洞窟がくずれないように、穴の壁は竹材で補強されていた。考えてみれば、近くに竹（バンブー）が生えていたということは、かなり人為の影響のある「ジャングル」であったということだ。

タロフォフォの滝は、二〇ドルという結構な料金を払って入場する公園の中にある。公園に入ってすぐ、横井が洞窟内に入っている姿のモニュメントが目に飛び込んでくる。その中には、「英雄」という文字が書かれている。

横井が実際に住んでいた洞窟のある場所は私有地で入れないので、公園内にあるのは、そのレプリカである、と説明が書かれている。まず、滝までゴンドラに乗って斜面を下る。

滝のある川は、前夜の雨のせいで赤土が流れ込み、真っ赤である。その濁った水がどうどうと音を立てて落ちる。この川の様子も、荒れた風景を反映している。滝つぼのわきには、水に流されてきたおびただしいヤシの実と竹材が、浮いてふきだまっている。

川に架けられた吊り橋を渡って対岸へ行くと資料館が立っている。中に入ると、なぜかアメリカインディアンの立像がある。資料のほとんどは、グアム島の歴史に関する壁画だ。最後に設置されているのが、切腹をする日本兵のフィギュアと、横井のフィギュアだった。その資料館から約三〇〇メートル歩く。この道沿いは、少しだけ、本来のグアムの森の様子を残していた。ヤシの仲間や、タコノキの仲間、オオハマボウ、サガリバナなどの森だ。その先に、「ヨコイ・ケーブ」のレプリカがある（図6−3）。といっても、見えるのは地表の入口だけだ。わきには、太い棹のバンブーの株がある。それにしても、湿度が高い。このような場所に、よくも長年、潜み続けることができたと思う。

図 6-3　「ヨコイ・ケーブ」のレプリカ

「ヨコイ・ケーブ」の見学のあと海岸線に戻り、さらに島を南下しイナラハンを目指した。イナラハンはかつて稲田と表記され、日本統治時代は水田もつくられたという。現在のイナラハン周辺には、水田はおろか、畑も含めて人々の生業による景観は見られない。グアム島全体の経済が、観光と軍によって支えられているのでは、と思わされる光景が広がっている。

四日目は雨だった。前日のグアム島南部半周の際に見落としていた、マゼラン上陸記念碑を見に行く。小さな白い塔のわきに、一五二一年に上陸と、マゼランについての解説板がある。海岸に降りてみる。黒っぽい火山岩の礫浜だ。一転、北上し北端のリティディアン岬へ。ここは基地に隣接するため、夕方四時に、岬に通じる道路のゲートを閉めると書かれている。

リティディアン岬には、石灰岩の切り立つ崖の下に白砂の浜が広がっている。

海岸林内にグアムの自然についての解説板が立てられて、「ココ」と呼ばれるグアムクイナについての解説が書かれている。グアム島南部は、地図を見ると山地なのに、実際ははげ山に近い状態だったが、相対的には平坦な北部の石灰岩地帯に、グアムらしい自然が近年まで残されていたわけだ。グアム島の固有種、飛べない鳥であるグアムクイナは、野生では絶滅してしまっている。その理由は、米軍の物資に紛れてこの島に持ち込まれた、ニューギニア原産のナンヨウオオガシラと呼ばれるヘビによる捕食だ。イヌを使って、ココの天敵のナンヨウオオガシラの駆除を行っているというポスターも貼られている。せっかくグアム島らしい自然の残る一帯に来たものの、ゲートが閉まる時間を考えるとほんの一〇分ぐらいしか余裕がない。後ろ髪を引かれる思いで岬を後にする。

レンタカーを返しに街に戻る。ほとんどの観光客がたむろするのは、街の海岸沿い、タモンと呼ばれる、ごく狭い範囲だ。そうした多くの観光客とは異なった場所ばかり選んで歩いたように思うけれど、それでもまだ、十分にグアム島を見ることができたとは思えなかった。

グアム島のカタツムリ

帰国後、グアム島のカタツムリについて調べてみる。

ネットで検索すると、グアム島の歴史、文化、自然という広い範囲にわたって情報を掲載しているグアムペディアというページがあることがわかった。その中の、カタツムリに関する記述の筆者による意訳が以下だ。

「グアムでは約一〇〇種の陸貝が知られる。うちおよそ二〇種はおそらく移入種である。チャモロは一般に、陸貝をアカレハと呼ぶ。陸貝は食用にも道具にもならない。考古学上にも、伝承上にも登場しない。ただし興味深いことに、いくつかの陸貝はカヌーに乗って、太平洋の島々に広がっている。

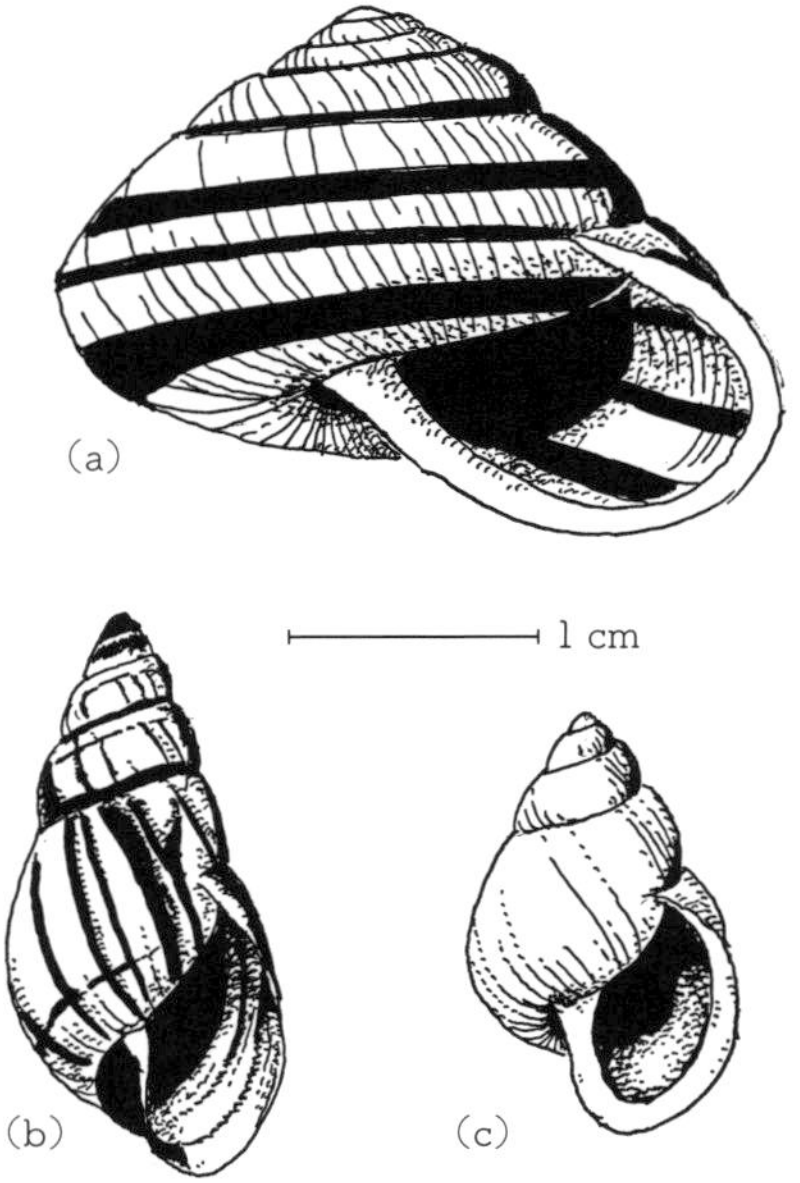

図 6-4　グアム島のカタツムリ
(a) *Satsuma succincta*（移入種），
(b) *Drymaeus multilineatus*（移入種），
(c) *Partula gibba*（在来種）

考古調査では、広分布に見られる幾種かの陸貝は、早期の人の居住と時を同じくして存在が示されている。

陸貝利用の唯一の記録は、明らかに近年の価値観と関連したもので、カラフルな殻をビーズとして使うものである。この利用の起源は不明だが、第二次世界大戦後、人口の増加とともに貝が減少して、この利用は絶えることになる。

太平洋の島々の陸貝は、分類が完全に終わってはいない。マリアナではおよそ一一〇種が記録されているが、ほかに数ダース分の未記載種がある。特に北マリアナ諸島の貝相はわかっていない。マリアナ諸島の陸貝でよく知られるのは、樹上性のパルトゥラ科のパルトゥラ属とサモアナ属である。この仲間のうち、マリアナ諸島で最初に記載されたのは *Partula gibba*（図6－4c）で、この種は列島に広く分布する。*P. rodiolata* はグアム固有である。（中略）

太平洋地域全域において、前例のない陸貝の絶滅が起きている。マリアナ諸島でも二〇世紀の後半において、陸貝は急減している。多くの種は生きた状態が見られない。これは第一に生息場所の破壊が原因である。加えて、アフリカマイマイ退治のための肉食カタツムリの無分別な導入があげられる。

皮肉なことに、この捕食者もまた、ニューギニアヤリガタリクウズムシという陸生プラナリアの仲間の導入により減少している。ニューギニアヤリガタリクウズムシは導入カタツムリを取り除くのに働いたが、在来種のカタツムリも滅ぼした。結果として南マリアナ諸島の森には、在来のカタツムリが不在となってしまっている。絶滅した種類も報告され、広域分布種の *P. gibba* でさえ、おそらくグアムでは数百個体に減少している。そのため、空の殻は林床に見られるが、それらはやがて粉々になり、すっかり失われてしまうだろう」[24]

グアム島で何種かのカタツムリをよく見た。アフリカマイマイのほか、マイマイ型のカタツムリと円錐形のカタツムリである。グアムの陸貝について紹介しているリスト[25]やブックレット[26]を見てみる。すると、これらはいずれも外来種だった。マイマイ型のカタツムリは台湾原産のもので、沖縄島でふつうに見られるシュリマイマイと同属の *Satsuma succincta*（図６−４ａ）であるという。この種類は一九八二年にグアムに移入された。また、円錐形のカタツムリのほうは熱帯アメリカ原産で、一九七八年以前にグアム島に移入された *Drymaeus multilineatus*（図６−４ｂ）という種類であるという。

マリアナ諸島の在来のカタツムリの代表は、パルトゥラ属（ポリネシアマイマイ）の仲間らしい。そこでもう少し、この仲間のことを調べてみる。

マリアナ諸島を含む熱帯太平洋諸島からは、たくさんの種類のカタツムリが報告されている。しかし、これらの島々に分布しているカタツムリのグループはそう多くない。熱帯太平洋諸島に分布するカタツムリのグループの一つが、ポリネシアマイマイ類だ。

ポリネシアマイマイ類についての論文を読むと、この仲間は、熱帯太平洋の火山性の高島に限って分布する、主に樹上性の陸貝であると書かれている。マルケサス諸島からオーストラル諸島にかけて分布し、東はマリアナ諸島、西はパラオ諸島にまで分布する。ハワイ・ビショップ博物館のヨシオ・コンドーは、ポリネシアマイマイ類に一二六種を認めている。本属は高い固有性を示し、多くの種の分布は、ただ一つの島のみに限られる。一つの諸島を超えて広く分布しているのは、ただ一種だともある[27]。

また別の論文には、マリアナ諸島からは、ポリネシアマイマイ類の仲間が五種、知られていると書かれている。そのうちの一つはロタ島から見つかっている絶滅種(化石)である。マリアナの島々の中ではグアム島が最も陸貝相が豊富である。ポリネシアマイマイの仲間もグアム島から三種が記録されている。このうち *Partula langfordi* はグアム島のアリファン山頂付近にしか見られない、分布域のきわめて狭い固有種である[28]。

グアムペディアにも書かれていたが、手にした論文にも、マリアナ諸島の現生のポリネシアマイマイの仲間は、現在、絶滅か、絶滅のがけっぷちにあると書いてあった[29]。

実際、グアム島では慰霊塔のそばで、死んだあとの殻を一つ見つけるのにとどまった。その理由の根本はアフリカマイマイにある。

引き起こされる危機

マリアナ諸島に持ち込まれたアフリカマイマイは、すぐに野外で増殖を始めると同時に害虫化し、対策を講じることが必要となった。

一九四〇年に九州大学の江崎らによって提言された、南洋群島のアフリカマイマイ対策は、「輸入・移入の禁止」「期日を定め、学校の生徒などにより一斉採集を行い捕殺する」「駆除の奨励のため、官庁にて買い上げる」「アフリカマイマイを家畜の飼料にすることの奨励」「薬剤による駆除の試行」といったものであった[30]。しかし、人間による捕殺だけでは効果に限りがあるとして、戦後、あちこちで導入されたのが、生物学的防除である。すなわち肉食性のカタツムリを導入して、アフリカマイマイを捕食させるというものだ。導入された肉食性カタツムリは、北米フロリダ原産のヤマヒタチオビガイ(図6−5)やアフリカ原産のキブツネジレガイなどである。ところが、この肉食性カタツムリは、アフリカマイマイを滅ぼすことはなく、代わりに在来種のカタツムリの減少を引き起こすことになってしまった。

グアム島でもう一つ、在来種のカタツムリの減少要因となったのが、これも外来の陸生プラナリアの一種、ニューギニアヤリガタリクウズムシだった。体を二つに切ると、それぞれが一個体に再生することで有名な、水生のプラナリア(ウズムシともいう)と同じく扁形動物に属する陸生動物だ。このニューギニアヤリガタリクウズムシが、カタツムリを捕食する。グアム島には、ナンヨウオオガシラ同様、米軍の物資などに紛れて、いつのまにか移入され、定着したようだ。グアム島を訪れた際、戦没者慰霊公苑で見かけた生き物だ。グアム島で滞在したホテルの庭でもよく姿を見た。

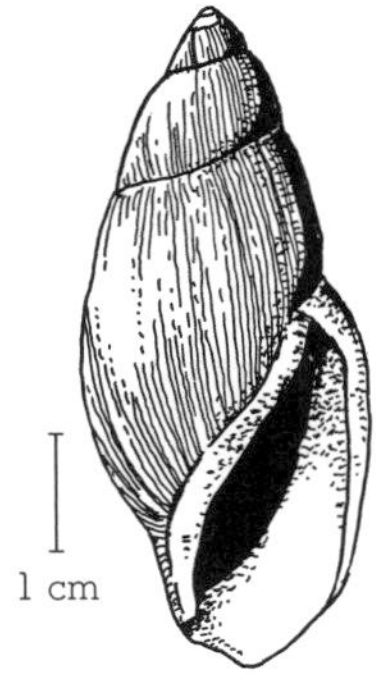

図6−5 ヤマヒタチオビガイ

グアム島のカタツムリが気になり、先の訪問の二年後、再度グアム島を訪れた。リティディアン岬も再訪し、海岸林の砂の上で、ようやく在来種の小型カタツムリ(ゴマガイやカワザンショウガイの仲間。図6–6)の殻をいくつか見つけることができた。また、このとき、あらためて慰霊塔周辺でポリネシアアマイマイの仲間を探してみたのだが、今度は殻を見つけることもできなかった。どうやら、グアム島でポリネシアアマイマイの仲間を見つけるのは容易ではない状況にあるようだ。

「マリアナ諸島のロタ島では、バウマンが少なくとも三九の在来種を記録した(一九九五年)。しかし、ロタ島の陸貝の六八%は絶滅か、個体数が減少している」という報告があるように[31]、個体数の減少はマリアナ諸島のカタツムリ相全体に及んでいる。

そしてまた、カタツムリの減少は、マリアナ諸島に限った話でもない。「太平洋の島々全体で、おそらく陸貝相の五〇%がほとんど近年になってから消滅している」という報告がある[32]。

アフリカマイマイは、一九六七年にタヒチに入り込んでいる。その後、一九七〇年代半ばには、アフリカマイマイによる食害が問題になる。その食害防除のため、一九七七年にヤマヒタチオビガイが

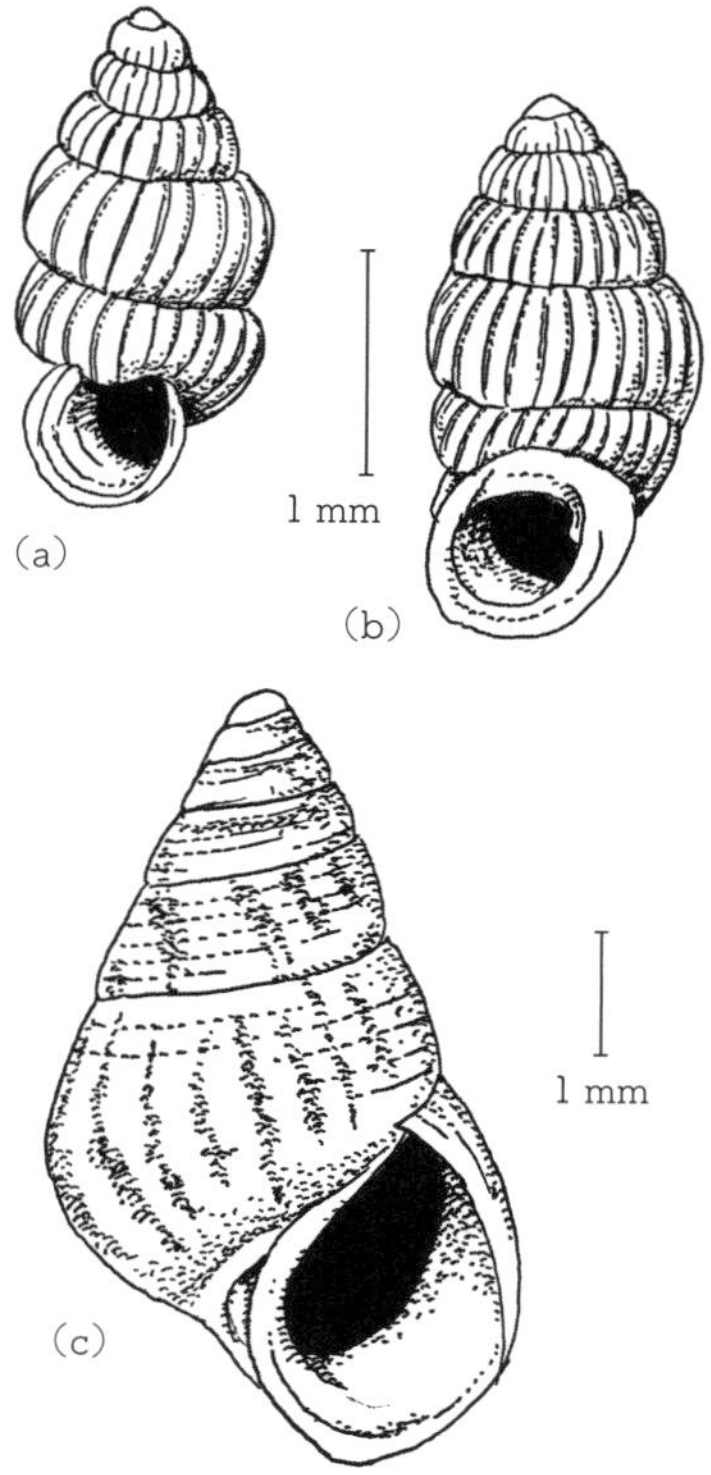

図 6–6　グアム島の小型カタツムリ (a)(b)ゴマガイの仲間,(c)カワザンショウガイの仲間

導入された。それが固有の在来種であるポリネシアマイマイ類の絶滅を引き起こした。古生物学者のスティーヴン・ジェイ・グールドは、タヒチのポリネシアマイマイ絶滅をテーマにしたエッセイの中で、要因となった肉食カタツムリについて「ヤマヒタチオビガイは、他の陸貝を捕食する。それも、きわめて効率的に、しかも貪欲に。ほかの陸貝が残したねばねばの這い跡を探り当てるとただちに追跡に移り、獲物に追い付くとすばやく襲ってむさぼり食うのだ。（中略）ヤマヒタチオビガイは他の陸貝を生物的に退治する天敵の有力候補として、世界的な注目を浴びてきた」と書いている[33]。

サモアでは、これまでに少なくとも七二種のカタツムリが知られ、うち五八種が在来（一〇種が外来、四種が起源不明）とされている。ところが現在、このうちのいくつかは絶滅していると考えられている。また一二種が減少し、一七種がおそらく減少しているとも考えられている。その主な要因は、一九九〇年代にアフリカマイマイ防除のために導入されたニューギニアヤリガタリクウズムシである[34]。

アフリカマイマイの生み出した、予期されていなかった影響。それは、アフリカマイマイの生物防除のために持ち込まれた、肉食カタツムリやニューギニアヤリガタリクウズムシによって引き起こされる、在来のカタツムリの消失である。

大陸島と海洋島

ここで、ジュール・ベルヌの『十五少年漂流記』の舞台となった、一五人の少年たちが冒険生活を送ることになる無人島についてふりかえってみる。

少年たちによってチェアマン島と名付けられたこの無人島には、物語が進む中でさまざまな生き物たちが見られることが紹介されていく。その中にはクマのように、少年たちの命を脅かすような動物もいた。登場するものは、陸上に限っただけでも、ツコツコ、野ウサギ、マラ、アルマジロの一種、ペッカリー、山イヌ、ビクーニャ、グアナコ、アグーチ、スカンク、ゾロリ、キツネ、カバ、バク、ジャガー、イワバト、ガン(コクガンの一種)、カモ、ミヤコドリ、ライチョウ、ヤマウズラ、レア、タシギ、クイナ、オナガガモ、フラミンゴ、ホロホロチョウといった動物たちの名前をあげることができる。少年時代に読んだときは気にならなかったが、こうして列挙してみると、かなり「ありえない」構成になっていることに気づく。

世界の動物たちは、人為的な移入がなければ、特定の地域に分布が定まっている。例えばビクーニャやグアナコ、アグーチといった動物は南アメリカに固有の動物だ。カバはいうまでもなくアフリカ大陸の動物である。実はチェアマン島については、物語の後半で、南米大陸からそれほど離れていない位置にあることが明かされるので、南米大陸と縁がある動物がいることは問題がないといえるかもしれないが、本来、アフリカなどに分布している動物たちが混じっていることが「変」なわけだ。

ところで、島には大きく、大陸島と海洋島の区分がある。大陸島は、かつて大陸とつながったことがある地史があったり、大陸と距離が離れていなかったりするため、大陸と共通する生物相の見られる島だ。一方、海洋島は、大洋の中にできた火山島などを起源としている島で、大陸とのつながりはなく、そこに暮らす生き物たちは、何らかの手段で海を渡ってきたものたちや、その子孫に限られる。チェアマン島は、こうしてみると、大陸島ということになるだろう。ただし、利用できる資源量の問題から、小さな島に、大型の哺乳類や鳥(飛べない鳥のレアがいることになっている)や、なかでも肉食動物（ジャガーなど）が生息しつづけることはできないだろうから、この点からいっても、チェアマン島の生き物のあり方は、あくまで物語の世界の中でのことである。

無人島で暮らした話といえば、有名な作品である『ロビンソン・クルーソー』はどうだろうか。主人公のロビンソン・クルーソーが、船の難破によって、二八年間無人島で暮らすという話だ。読んでみると、登場する陸上動物たちは、ヤマネコ、ネズミ、野ウサギらしいもの、オウム、ガチョウに似た海鳥など、チェアマン島の登場動物にくらべると、種数はずっと控えめである。[35]物語の中で、ロビンソン・クルーソーが食用に重宝したのは、島に棲んでいたヤギだ。ヤギは家畜だから、もともと無人島にいた動物ではない。帆船時代、難破し、無人島で暮らさざるを得なかった船乗りは実在した。そのため、この時代の船乗りは、いざというときのため、無人島にヤギを放したのである。実際、ロビンソン・クルーソーのモデルといわれているアレグザンダー・セルカークは、一七〇四年、船長とのいざこざの末に無人島に放置され、その島でヤギを食べ、四年四か月生き延びた。セルカークが放置されたのは、南米、チリの沖六四〇キロにある、ファン・ヘルナンデス諸島のマス・ア・ティエラ島（現在はロビンソン・クルーソー島と改名されている）だった。[36]セルカークの放置された島は、位置からわかるように、海洋島である。つまり、在来の哺乳類など何もいない島だ。

では、こうした海洋島に、どんな生き物が棲んでいるのだろう。それがカタツムリだ。『十五少年漂流記』にも『ロビンソン・クルーソー』にもまったく登場しないけれど、太平洋の無人島の生き物といえば、カタツムリなのだ。例えば、絶海の孤島といえるロビンソン・クルーソー島からも、およそ五〇種もの固有のカタツムリが知られている。[37]

ハワイのカタツムリ

海洋島の代表といえるのが、ハワイ島である。東京から約五五〇〇キロ、アメリカのカリフォルニアからは約三八〇〇キロも離れた海上に突き出た火山島群だ。さらに、ハワイ諸島の周囲四〇〇〇キロ以内には、島らしい島もない[38]。そんなハワイの島々には在来の両生類、爬虫類はまったくいなかった。昆虫も、在来のものは、チョウの場合、わずかに二種しかいなかった。また、カマキリやセミ、アリ、テントウムシなどはまったく棲みついていなかった。多くの昆虫は、海を渡り、ハワイまで到達することができなかったのだ。一方、偶然ハワイの島々に渡ることのできた虫の仲間は、競争相手の少ない島の中で、多様に分化して種数を増やした。例えばショウジョウバエの仲間の *Drosophila* 属は、ハワイで五〇〇種もが知られる一大グループになっている。ラウパラ・クリケットと呼ばれる小型のコオロギの仲間も、ハワイで一三五種にも種分化している。ショウジョウバエの先祖は風に乗りたどりついたのだろうし、コオロギの仲間の先祖は、漂流物に乗り漂着したのだろう。では、カタツムリの仲間はどうだろう。

ハワイには、在来のカタツムリが数多く知られている。その種数については、文献によって数値が異なる。例えば「六五〇種以上が知られていて、その九九％以上が固有[39]」といった値や、「一一科、七五〇以上の陸貝が知られる[40]」「少なくとも一五の固有属が一二の科の中に存在し、全体では七六〇種以上の固有種が名付けられている[41]」または「九三一の種と三三一の亜種、一九八の判定不能の変種[42]」からなる、といった値が紹介されている。

昆虫の中に、海を渡ってハワイに到達できなかったグループがあったように、カタツムリの仲間でも、ハワイまで到達したのは限られたグループだ。例えば、ヨーロッパに分布するリンゴマイマイ科や、東南アジアのナンバンマイマイ科(沖縄で見られるシュリマイマイの仲間)、アジアに見られるオナジマイマイ科(日本本土で見られる一般的なカタツムリの仲間)のカタツムリたちはハワイにたどりつくことはできなかった。また、グアム島など、太平洋諸島の島々に分布するポリネシアマイマイ科のカタツムリも見られない。[43] ハワイに見られるカタツムリのグループのうち、最も繁栄しているのがハワイマイマイ科とシイノミマイマイ科のカタツムリで、これら両グループで、在来種のおよそ半数をしめている。[44] ハワイ産エンザガイ科のカタツムリも三三種が知られるが、なおまだ多くの未記載種(正式に名前がつけられていない種)があると見積もられている。[45] また、オカモノアラガイ科のカタツムリも高い多様性を示し、ハワイ産四三種はすべて固有種である。[46]

ハワイに到達したカタツムリの先祖たちの出身地は、主に西太平洋地域と東南アジアだと考えられている(ただし、先祖種の出身地がわかっていない場合も多い)。では、どうやってカタツムリたちはハワイまでやってきたのだろう。完全に明らかにされているわけではないが、最も多くの場合、鳥によって運ばれたものと考えられている。[47]

鳥がカタツムリを運ぶことがあるというのは、ちょっと意外な話かもしれない。最近の研究では、小型のカタツムリの中には、鳥に食べられても一部の個体は死ぬことなく糞の中に排出される場合があることがわかった。例えば日本の暖地に分布するハワイマイマイ科のノミガイを、メジロとヒヨドリに食べさせたところ、メジロの食べた一一九個のうち一四・三%、ヒヨドリの食べた五五個のうち一六・四%が、糞として排出後も生き延びていた。加えて、そのうちの一個のノミガイは、生き延びただけでなく、子どもを産むことも観察された。こうしたことが小型カタツムリの長距離移動に有効に働くと考えられるわけである。また、小笠原諸島の母島でノミガイの遺伝子を調べたところ、地理的に離れたところでも遺伝的な違いが見られず、これは長距離移動が行われている間接的な証拠となるといった研究成果も発表されている[48]。

このほかに、漂流物とともに流されてハワイに到達したと考えられているカタツムリもある。ただし、その種数は鳥に運ばれたものよりも少数だったと考えられている。なお、カタツムリが風にのって、ハワイまで到達することは難しかっただろうともされている[49]。

ハワイ産のオカモノアラガイは、研究の結果、二つの出身地があると考えられている。そのうち一つは太平洋諸島(現生のサモアのものと近縁という結果)で、もう一つは東南アジアである。東南アジア系統のものは、ハワイに到達後、さらにタヒチへ分散したと考えられる結果が得られている[50]。

ともあれ、翅のあるチョウは少なく見積もると二度しかハワイに渡ることはできなかった(ハワイに渡れても子孫を残せなかったチョウもいたかもしれない)が、這うことしかできない、一見「のろま」なカタツムリたちは、チョウよりも数多くハワイに渡ってきて、さらにそこで多様な子孫に分化していったのである。

ハワイはこのように、本来、多様な固有のカタツムリが見られる島だった。加えて、ハワイのカタツムリは個体数が多い点でもずばぬけていた。

カタツムリの歌

ハワイの先住民たちは、カタツムリにさまざまな名を与えていたのだが、その中に、「ププ・カニ・オエ（長い音をたてる貝）」がある。かつてのハワイ人にとって、在来の樹上性のカタツムリは、歌うことができると信じられていたからだ。

日本においても、カタツムリが鳴く、または音を出すということについて書かれている文献がある。一つは、江戸時代に越谷吾山《こしがやござん》によって著された方言辞典である『物類称呼』（一七七五年刊）の中に見られる記述だ。[51]

「かたつぶりは必雨ふらんとする夜など鳴もの也　貝よりかしら指出して打ふりかたかたと声を発す　いかにも高きこえ也　かたかたと鳴て頭をふるものなれば　かたふり　といえる意にて　かたつぶり　となづけたるものか」

この文章の中にある、カタツブリの語源が「かたかたと声を発す」るからであるというのは、何らかの誤解に基づく解釈であろう。

もう一つの例は、江戸時代に出版されたさまざまな本から抜き書きしてまとめた、山中共古《やまなかきょうこ》の『砂払』に登場する。カタツムリが鳴く話として山中が取り上げているのは、一七九〇年に出版された本からの抜き書きである。

「武蔵府中辺の老人の話に、秩父及郷里の辺にては、蝸牛の鳴くことあり。垣根にて鳴く。時より山のすそにて鳴くあり。其声は、手に二ツの貝を持居て、カチカチとたたく様にて、細き声するものにて、雨降る前にはよく啼くものと話されたり[52]」

むろん、カタツムリは鳴かない。では、ハワイの人々がカタツムリは歌うと思っていたのは、まるっきり想像上のことであったのだろうか。

ハワイに入植した初期の西洋人の観察者は、この「歌」は、カタツムリがいさかいで殻をぶつけ合う音とみなしている。それほど多くのカタツムリが生息していたからで、その音は遠くで森のコオロギが鳴いている声のようであったという[53]。その「初期の観察者」にあたるジョン・トマス・ギュリックの伝記の中に、このカタツムリの「歌」について記した、一八六一年に書かれた手紙が紹介されている。

「〔真夏の聖なる静けさの中で聞こえてくる〕そのひそやかなささやきは、しかしあまりにやさしい音色なので、ぼんやりしている者にはそれと気づかれることがなく、耳を澄ましている人も、いったい聞いているのか、夢をみているのかわからない。〔中略〕そうして真夜中には、星のまたたきに拍子を合わせてより鮮明に響きわたり、まるで天球の音楽からのこだまのように大気を伝わってくる。だが夏の真昼時には、その音がいったい上から聞こえてくるのか、下からなのか、山から聞こえてくるのか、谷からなのか、誰にもわからない。〔中略〕原住民たちは、その父親やそのまた父親の代から何代にもわたって、この原野のざわめきを聞いているが、彼らは、この音は臆病なカタツムリたちのささやき声だと言っている。淡く色づいた貝殻をからだに巻きつけて求愛し合いながら、木の葉の上に群をなしているカタツムリたちの声だというのである[54]」

ハワイと同様、海洋島であり、かつ固有のカタツムリの豊富さも共通する小笠原諸島で、カタツムリの研究を続けている東北大学の千葉聡は、人為の影響がほとんど見られない地域で、多数のカタツムリが互いに殻をぶつけあい、また歯舌で落ち葉を食べる際に小さな音を立てるが、その音が響き合い、全体でさざめくような音となり、耳に聞こえることを実際に体験し、著書の中で紹介している。[55]

ハワイにおける危機

立てる音が「歌」になぞらえられるほど数多く生息していたハワイの在来カタツムリは、現在、絶滅の危機にある。

ハワイの在来カタツムリのうち、絶滅した種の占める割合（絶滅率）の見積もりは、六五〜七五％[56]から九〇％[57]までと幅がある。[58]いずれにせよ、きわめて高い率だ。実際、ハワイ島、オアフ島を訪れたことがあるが、見かけたカタツムリのほとんどは移入種だった。その原因の大本は、やはり、アフリカマイマイにある。

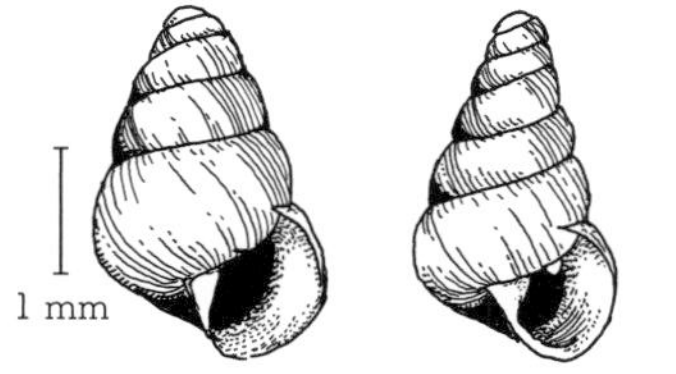

図 6–7　ハワイの小型カタツムリ

一九一七年に入植した日本人の手により、ハワイで出版された『布哇《ハワイ》ノ動物ト植物』という、「ハワイの普通の動植物（ホノルル界隈で普通に見る動植物）を説明する」とした本がある。[59]この本を見ると、本来分布していなかったカマキリやゴキブリの名もあり、これらの虫が、このころすでに移入されていたことがわかる。同様に、ヒキガエルとあるのは移入種のオオヒキガエルのことだろう。そして、この本に登場するカタツムリは「皆小形で親指の頭大」と説明がなされている（図6–7）。すなわち、アフリカマイマイが導入される以前は、まだハワイ在来のハワイマイマイなどのカタツムリが「普通」に見られたことを物

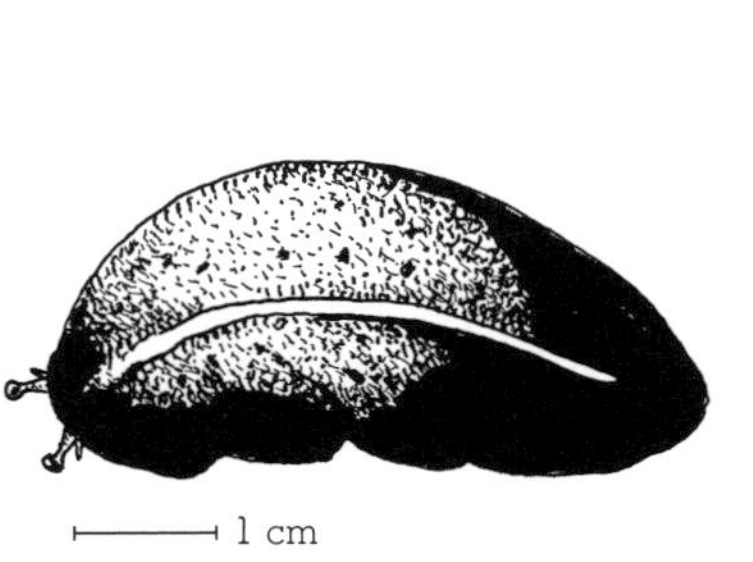

図6-8　アシヒダナメクジ

語る一つの資料だ。なお、ナメクジについては、二寸五分から三寸（一寸は約三・〇三センチ）もある大型で幅が広く、色の黒い、背中に白い筋がある、二対の角がごく小さいといった記述があるので、アフリカマイマイに先立ち、アシヒダナメクジ（図6-8）が移入されていたこともわかる。

先に、ハワイにアフリカマイマイが入ったのは、一九三八年に沖縄からだと記述されている文献があることにふれた。[60] ただし、ハワイにアフリカマイマイが持ち込まれた時期については、いくつか異説があるようだ。生態学者チャールズ・S・エルトンの手になる、有名な『侵略の生態学』という本の中には、ハワイのアフリカマイマイについて、一九三六年にハワイに到達し、駆除に懸命の努力をはらったにもかかわらず、現にオアフ島に棲みつき農作物に被害を与えているが、この侵略は、台湾から持ち込まれたたった二個体からはじまったものらしいという記述が見られる。[61] また、ハワイの自然について包括的に扱っている本には、一九三〇年代に、食用や薬用、または庭の観賞用として、この貝が個人的に輸入されたらしいと書かれている。[62]

ほかの太平洋諸島と同様、持ち込まれたアフリカマイマイは害虫化し、その対策として駆除されることになった。ハワイにも、アフリカマイマイの駆除のために肉食カタツムリが導入されることになる。ヤマヒタチオビガイが、この目的のためにハワイに導入されたのは一九五五年のことである。[63] ヤマヒタチオビガイ以外の肉食カタツムリも試験的に導入され、それらは合計で二三種にも及ぶ、ともある。[64] その結果もたらされたのは「ハワイマイマイ類は、ごく一部の島の山のほんの一角と、飼育施設で人工繁殖されたわずかなものが、かろうじて生きながらえているだけである」という現状である。[65]
ハワイのカタツムリはこうして危機に陥った。

太平洋のカタツムリたち

太平洋に散らばる多くの島々には、それぞれ固有のカタツムリがいた。

海洋島の中の海洋島とでもいえるのが、モアイ像で有名なイースター島だ。周囲の陸地から隔絶され、面積も小さなイースター島には、もともとこの島にたどり着き、棲みつくことのできた生き物は限られていた。加えて、一二～一三世紀のポリネシア人の入植後、イースター島の自然は大きく改変された。例えば、イースター島に見られる植物で、在来の固有種はわずか三種のイネ科植物とマメ科植物であるが、トロミロと呼ばれる、このマメ科の低木も、野生では見ることができずに植物園でしか目にすることができなくなっている。報告のある昆虫の種数もごくわずかで、その総数は三五種、うち四種が固有とされている。また現在、在来の陸鳥は知られていない。さらに、在来のカタツムリもまったく報告がされていなかった。

ところが、遺跡の発掘調査を通じて、絶滅種のカタツムリが発見されることになる。[66]遺跡から見つかったのは、少なくとも三つのグループに属するカタツムリで、そのうちの一つは、ハワイマイマイ科のカタツムリだった。つまり、絶海の孤島イースター島にも、もともとカタツムリは棲みついていたのである。イースター島の場合、在来のカタツムリの消滅は、アフリカマイマイの影響ではなく、人間による自然改変（森林伐採、農耕地への転換など）によるものだった。

絶滅動物の中でもモーリシャス島のドードーは有名だ。絶滅動物に特別の興味がなくても、ドードーの名を耳にしたことがある人は多いだろう。ドードーがいつ絶滅したのか、正確な時期はわかっていないが、一六四〇年代には生息地のモーリシャス島から姿を消し、一六六二年に隣接する小島で目撃・捕獲されたのが最後の例とされている[67]。モーリシャス島はマダガスカル島の東九〇〇キロに位置する、面積一八六五平方キロ、最大標高八二八メートルの島である。無人島であったモーリシャス島において、初めてドードーを目撃・記録したのはファン・ネックらで、一五九八年のことである。その後もヨーロッパ人の島への来訪が重なり、一六三八年には島への入植がはじまる。

むろん、モーリシャス島にも、カタツムリはいる。モーリシャス島のカタツムリの報告は古く、一七四七年にさかのぼる。現在知られているモーリシャス島産カタツムリは一二五種で、そのうち八一種が固有種であり、また三二種はモーリシャス島を含むマスカリン諸島の固有種である。そして、これら在来カタツムリのうち約三四%は絶滅したと考えられている。モーリシャス島の場合、カタツムリの減少は、島における森林破壊、自然改変の影響(島の原生植生は五%しか残されていない)によるものが大きい。加えて移入されたネズミや植物の影響もあり、さらに正式に記載される以前に絶滅したカタツムリの種類も多数にのぼると考えられている[68]。

島々のカタツムリは危機にある。太平洋の島々には、カタツムリが推定四〇〇〇種いるといわれているが、そのうち五〇%は、すでに失われてしまったと考えられている――こんなショッキングな数値も示されている[69]。

では、日本の島のカタツムリには、こうした危機は訪れていないのだろうか。

第七章　無人だった島々のカタツムリ

大東諸島

琉球列島の東方海上に、大東諸島と名付けられた島々がある。

大東諸島は、小笠原諸島と並んで、日本の島々の中では地理的に特異である。それは、両者ともほかの陸地から離れた海洋島であり、その結果としてハワイ諸島同様、個性的な生物相が見られるからである。また、歴史的に見た場合でも、長く無人島だった時代が続いたという点も共通している。

小笠原諸島の自然の貴重性は、同地が世界自然遺産に登録されてから、多少なりとも人々に知られるようになってきている。一方、奄美大島、徳之島、沖縄島北部および西表島が世界自然遺産に登録された際も、大東諸島は指定地からはずれており、その地の自然について、一般にはまだあまり知られていないように思う。大東諸島のカタツムリとなると、さらに知名度は低くなるだろう。その大東諸島のカタツムリたちに目を向けてみたい。

地域には、その地域ならではの自然の固有性がある。海洋島である大東諸島は、その固有性や希少性が際立っている。固有性が生まれた背景には、海に隔てられた島に生き物が渡ってきて、独自の種に分化した長い歴史がある。一方、大東諸島への人々の入植は、始まってからまだ百数十年ほどしかたっていない。すなわち、島における人々の歴史は短い。しかし、長らく無人島であった大東諸島の自然は、人々の入植後、短時間で大きく変わっている。そして自然の改変の影響は、一般にはあまり注目されることのないカタツムリにおいて、顕著な現象となって表れている。

大東諸島のカタツムリを例に、自然と人との関わりの歴史について見ていくことにしたい。

ウフアガリジマ

大東諸島は長い間、無人島であったものの、その間、琉球列島の人々とまったく無縁だったわけではなかった。西表島の干立出身のY・Iさんは「西表ではカタツムリを食べることはない」という話と同時に次のような話も教えてくれた。

「一〇月願いというのがあるよ。旧の一〇月は風邪のはやるころだから。風邪を追い払う、パナシキ(くしゃみ)の願いをするわけ。左縄をなって、村の入口にニンニクと塩をそなえて、悪いものは入らさない、といってね。それから部落からヌキトリといって、コメ、線香、酒を集めて、ご馳走をつくって、これをクワズイモの葉の中に入れて、バショウの茎で舟をつくって流すよ。海に流すわけ。このときね、〔風邪を〕「遠くのガバランの島へ行って落としておいでよー」と言うさ。ガバランの島って何かと聞いたことがあるよ。そうしたら南の島って。「それって、自分さえよかったら、他の人はどうでもいいのか?」と言ったら、「あんた何言うか」と言われて、笑ったよ」

琉球列島の島々の人々とカタツムリの関わりについて紹介する中で、アブシバレーや虫払いと呼ばれる、害虫駆除にまつわる儀式について取り上げた(第五章)。琉球列島の島々には虫払いとは別に、

Y・Iさんの話のように病気を払う儀礼があり、一般にシマフサラーなどと呼ばれる。集落によっては、病気払いと虫払いが一緒に行われる場合も、病気払いだけが行われる場合もある。虫払いでは、害虫を舟に乗せて岸から沖に流し、害虫からの被害をまぬがれようとする。この害虫たちを送り出す際に、その行く先がさまざまに唱えられることがあった。Y・Iさんの話は、病気の元を海から流すというものだが、虫払いの際と同じように、病気の元を送り出す行く先を唱えているわけである。

この話を聞いて以降、「ガバランの島」という、特異な名がずっと耳に残った。

干立の一〇月願い（シマフサラー）の調査を行った伊谷玄によれば、「ガバランの島」というのは、台湾の地名、宜蘭《イーラン》（かつてはクヴァランと呼ばれていた）由来と考えられるという。クヴァランは、一六世紀以前、八重山の人々が交易をしていた先の一つであった。一六世紀以降、八重山は独自の交易が禁じられ、直接の交流は途絶えたが、そのあともクヴァランは豊穣の国として西表島の人々に記憶され続けたのではないかという。[1] 虫払いの際には、送り出されることになる害虫が「納得」しやすいように、「あちらのほうが豊かだ」という言い聞かせが行われる場合があった。一〇月願いの際に「ガバランの島」の名が唱えられるのも、虫払いと同じような思考が働いていたわけである。

虫払いの際、波照間島では「タカソー島（台湾）に行け」という唱えがなされ、宮古島狩俣では「ヤーマ（八重山）へ行け。あちらは食糧豊富である」という唱えがなされた。沖縄島では端的に「ニライカナイへ行け」と唱える場合もあった。[2] そして沖縄島の東村平良では、アブシバレーで虫を舟に乗せて沖に流す際、「生まれ故郷（ムトゥジマ）に帰りなさい」と唱えたのであるという。その「虫のムトゥジマ」とはウフアガリジマ（大東島）と呼ばれる島だった。このウフアガリジマというのは、実際の島ではなく神々の原郷であり、ニライカナイの別称であると説明がされている。[3] また、沖縄本島の東に隣接する平安座島でも、アブシバレーの際、舟に乗せて流した害虫の行く先は、ウファアガリジマとされ、またその島がニライカナイであるともいわれていたという。[4]

害虫の送り出し先として名前のあがる大東島《ウファアガリジマ》は、ニライカナイの別称である。一方、大東島《だいとうじま》といえば、沖縄県に所属する、サトウキビ栽培で有名な現存する有人島である。

沖縄島の東海上約三六〇キロに位置する南大東島と、隣接する北大東島、さらに少し離れたところに位置する無人の沖大東島からなる海洋島の島々から、大東諸島は成り立っている。

『南大東村誌(改訂)』をひもといてみる。[5]

「沖縄では、海上はるかかなた、ニライカナイという神の国から、一年に一度神が訪れて、人々に幸せをもたらすという信仰があり、特に、沖縄本島南部島尻の東方海上に浮かぶ久高島は、このような信仰の伝統行事で名高い所であるが、この久高島を越えてはるか東方に、より大きな聖なる島が存在することを早くから知っていたのは、知念、佐敷方面の人々で、これらの地域では、大東島を海上はるかな神の国として、信仰祈願していた者もいたようである」

琉球王国時代、沖縄島の東方海上に島があることはうっすらと認知されていたものの、長い間、その島は半分伝説上の島のような位置づけとされていた。

南大東島に最初の入植が行われたのは、一九〇〇年になってからのことで、それまで大東諸島の島々は、長く無人島のままだった。南大東島は沖縄島から離れているだけでなく、周囲が断崖に囲まれているため上陸が困難なことも、人を容易によせつけずにいた要因だった。その南大東島に入植したのは、八丈島の人々だった。東京の沖合、伊豆諸島の南端近くに位置する八丈島は、明治以降、伊豆諸島のさらに南に位置する小笠原開拓に人員を供出することになった。その開拓に関わる中で、八丈島出身の玉置半右衛門は、無人島の鳥島に目をつける。そしてやがて、鳥島のアホウドリの羽毛採取事業に着手、成功したあと、さらなる無人島開拓を試み、南大東島開拓に手をあげたのである。

南大東島の歴史

南大東島の入植第一陣は、一九〇〇年一月二三日に島に上陸を果たす。医師心得として一団に加わっていた小島徹三のその日の日誌を現代文に直すと、「島の周囲はいたるところにアダンが密生し手の付けどころもない。島内に生息する動物や鳥は人間が珍しいらしく、カラスは頭上にやってきてカァカァと鳴き、ヤギは親しげに人間に付いてまわる様子は、実に別天地のようである」といったことが書かれている。[6]

海洋島であるはずの南大東島にヤギがいたのは、帆船時代の船乗りの慣習にのっとり、いざというときのため、無人島に食料となる動物を放したからだ。開拓者の一団が島を訪れる九年前の一八九一年、アメリカ船籍の帆船、キットセップ号が南大東島近海で遭難し、乗組員が島に漂着した。キットセップ号の乗組員のうち三名がボートで沖縄島に救助を求めに行き、結果、残る七名の救助のために沖縄県庁が汽船を派遣することになった。この折、将来、難破船があったときのために、積んでいった動物を島に移入したのだ。記録によれば、ブタをオス・メス四頭、ニワトリをオス・メス五羽、ヤギをオス・メス二頭、ウサギをオス・メス三羽放したとある。なお、島に八丈島の開拓団が入植してのち、三年後の一九〇三年に県知事が南大東島を視察に訪れるが、そのときの取調べ書には、島で見られる動物について「動物では大きなコウモリと他にカラス、ウグイス、ヒヨドリ、ツグミ、メジロ、クロガラス等と海鳥の種類がある。カニ及びカニ属（沖縄方言アンマク（ヤシガニ））、カ、ハエ等が多いが、ヘビ類、ネズミ類は全然見られない。（中略）明治二四年本島に放した動物の中で、山羊は最も多く繁殖し、北岸岩石地帯に生息している。豚や鶏も生息していたようであるが現在では見られない。中でもウサギはその後全然姿が見られず、また明治一八年に放した犬もそうである」とある。[7] 島の開拓を推し進めた玉置半右衛門は、鳥島開拓ではアホウドリの羽毛採取事業で巨利を手にしたが、南大東島では森を伐採したのち、サトウキビ栽培を手掛けることにした。

　開拓団が初めて足を踏み入れてから一〇四年後にあたる二〇〇四年に南大東島に行った折、父親が初期の開拓に加わっていたというM・Kさんから話を聞くことができた。

「親父は玉置半右衛門と一緒に島を開墾した人。昔は相当苦労しましたよ。キビもウシで運搬して、そのあと、ウマが宮古から入ってきて、それで運搬しました。昔は手刈りですからね。徴兵検査は、本籍地じゃないとできなかったです。それで、検査で八丈島まで行きました。これ、検査だから行けました。じゃないと、会社が島から出してくれなかった。畑に草が生えていたら、会社はお金を貸さないし。畑をきれいにしとかんと。わしの畑は草がないから、すぐ貸してくれた。昔はきつかったですよ。警官も会社から給料もらってたから、会社に反抗的だと、すぐ退島です。風邪ひいて休んでも棒でたたかれるし。昔はやかましかったです。会社の命令には服従です。昔は相当苦労しました。戦後、キャラウェイ高等弁務官が土地を開放して。それまでは土地は会社のものだったから。土地問題では相当苦労しましたよ。親父は八丈島の大賀郷出身です。八丈島から二、三か月かかって大東島まで来たといいます。帆船だったそうです。そのときの船長は小島さん。いい船長、偉い人とほめていましたよ。島に来てから、水場も発見して。ビンロウジュの上に登って、池を発見したと。島に来てすぐは、水がどこにあるか、わからんかったんです」

M・Kさんの話は、まさに文献で目にする無人島開拓第一歩からの、島の歴史の縮刷版のようだ。八丈島から玉置半右衛門によって派遣された入植第一団を乗せた回洋丸の船長が小島岩松だった。また、島に上陸した一団が最初に直面した困難が水不足だった。隆起サンゴ礁からなる島には当初、水場がないと考えられていた。ところが上陸五日目、一行の中の一人、沖山権蔵が池を発見したと皆に告げる。一同は半信半疑のおももちだったが、翌六日目、権蔵のいう通り、島内に池を発見することになる(この池は権蔵池と名付けられた)。島の開拓に乗り出した玉置半右衛門を主とする玉置商会は、その後、半右衛門の死後、事業不振に陥り、一九一六年、東洋精糖会社に合併される。こうした「会社」による土地の支配は戦後まで続くことになる……。こうした無人島時代から現在に至る過程を、目の前の一人の男性が語ることができるというのが、長い無人島時代ののち、一九〇〇年になって入植がはじまったという、南大東島の特異な歴史を表している。

ところが、今日までわずか百数十年あまりの歴史の中で、島の自然は大きく変化した。例えば、上陸一日目の記録に、カラスが頭上で鳴いたことが書かれているが、その後、島の開発が進むとともに、大東諸島のカラス(ハシブトガラス)は絶滅してしまっている。絶滅したのはハシブトガラスだけではない。海洋島である大東諸島には、開拓当初、さまざまな固有の鳥たちが棲息していた。大東諸島の島のうち、固有亜種とされているものは、ダイトウノスリ、ダイトウコノハズク、ダイトウヒヨドリ、ダイトウミソサザイ、ダイトウウグイス、ダイトウヤマガラ、ダイトウメジロ、ダイトウカイツブリと八種の名をあげることができる。そして、そのうちダイトウノスリ、ダイトウミソサザイ、ダイトウウグイス、ダイトウヤマガラの四種は、すでに絶滅してしまっている。[8]

図 7–1　エラブマイマイ

大東諸島のカタツムリ

無人島に足を踏み入れた入植者の記録には、カタツムリは一切登場しない。たとえ目に入ったとしても、記録すべきものとして認識されなかったのだ。しかし、海洋島である南大東島にも、ちゃんとカタツムリは棲みついている。その代表が、アツマイマイの仲間だ。

アツマイマイの仲間（オナジマイマイ科アツマイマイ属）には、大東諸島で見られる種類のほかに、中国大陸のアジアアマイマイ、朝鮮半島のトウヨウマイマイ、台湾のスインホウマイマイ、台湾西方海上にある蘭嶼《ランユー》のカノマイマイやヘリトリマイマイ、琉球列島の沖永良部島のエラブマイマイ（図7－1）、琉球列島の西方海上に位置する尖閣諸島のアツマイマイがいる。[9] ここで示した地名を見てわかるように、アツマイマイの仲間は、琉球列島やその周辺で、飛び離れた島に分布が見られる。大東諸島のアツマイマイ類が、どこを出自とするかはわかっていないが、いつの時代か、海流に乗って流されてきた流木などとともに島に到達し、大東島固有種として分化したのだろう（アツマイマイ類は中〜大型のカタツムリであるから、島に運ばれたとは考えられない）。

大東諸島のアツマイマイ類の種類と名前について、少しややこしいが、整理をしておきたい。南大東島と北大東島の両島にアツマイマイ類が見られるのだが、形態に若干の違いがある。そのため、これらが別種なのか、それとも同種なのかについて、研究者によって見解の違いがあった。両島で見られるアツマイマイ類は、発表当初、それぞれ別種として記載されたが[10]、その後、同種という見解が発表され[11]、さらに再び別種という見解が出されたのち[12]、二〇一八年に発表された沖縄県のレッドデータブックでは、北大東島産のアツマイマイ類はヘソアキアツマイマイ、南大東島産のものは、その亜種のオオアガリマイマイ（図7−2）という扱いに落ち着いている。大東諸島に流れ着き、島で固有化したアツマイマイは、南大東島と北大東島に隔離されて時間を過ごすうちに、それぞれが別の亜種に分化したわけだ。

なお、隆起サンゴ礁の島である南大東島や北大東島の、石灰岩の割れ目や洞窟から化石のアツマイマイ類が見出され、現生種とは別の種として命名記載されたが[13,14]、現在は、同種のカタツムリの、時代による殻の形態の変異にすぎないだろうと考えられている[15]。

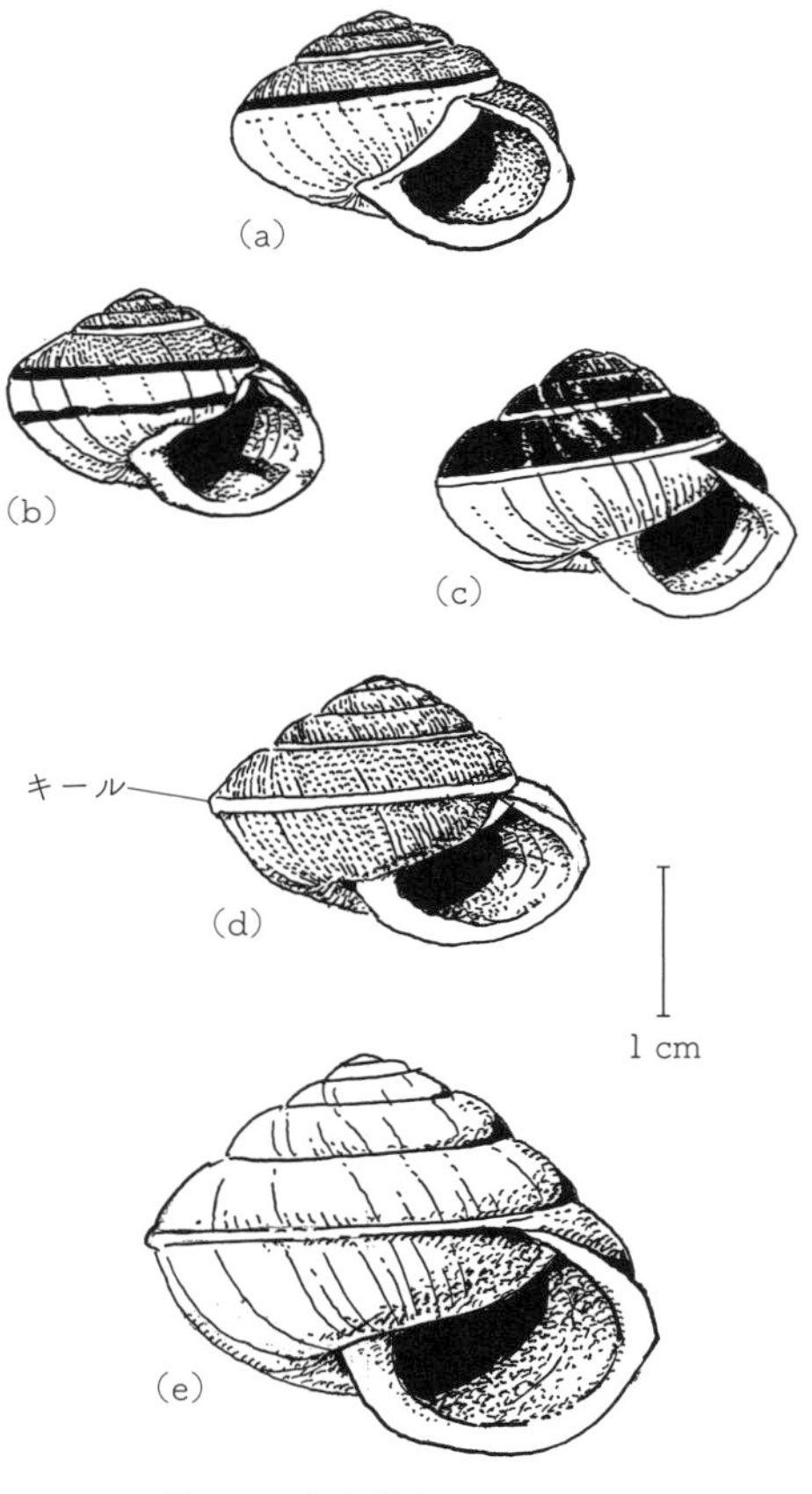

図 7-2　大東諸島のカタツムリ
(a)〜(c)北大東島のヘソアキアツマイマイ，(d)(e)南大東島のオオアガリマイマイ(e は化石)

北大東島でのカタツムリ探索

大東諸島のカタツムリを実際に見てみることにしよう。

昼過ぎ、那覇空港発北大東島直行の飛行機に搭乗すると、一時間ほどで島に到着する。残念ながら、この日は結構な風雨が吹き荒れる日だった。空港から宿に行き、午後三時半過ぎに、カッパと傘といういで立ちで歩き出す。ややもすると、傘も吹き飛ばされそうな勢いの風である。青少年自然の家を思わせるつくりの宿の庭には、アフリカマイマイ、オナジマイマイ、オキナワウスカワマイマイとい

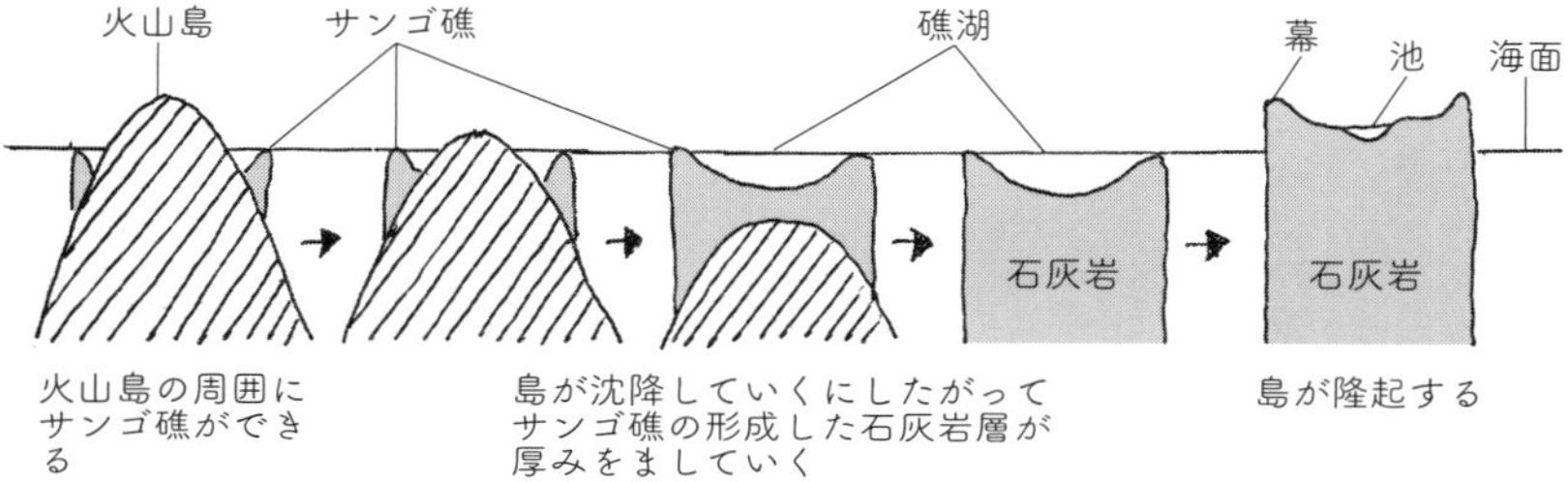
火山島
サンゴ礁
礁湖
幕
池
海面
石灰岩
石灰岩
火山島の周囲にサンゴ礁ができる
島が沈降していくにしたがってサンゴ礁の形成した石灰岩層が厚みをましていく
島が隆起する

図7-3 南大東島の形成史

った、那覇の街中でも見られるカタツムリの殻ばかりが転がっている。これらのカタツムリはいずれも移入されたものだ。幸い宿は長幕《ながはぐ》のわきに位置している。

「長幕」という言葉には、少し説明が必要だろう。大東諸島は、もともとは現在よりずっとフィリピンに近いあたりにあった島で、それがプレートの動きによって現在の位置にまで移動してきたと考えられている。大東諸島の起源は火山島なのだが、時間の経過とともに島は沈降し、島の頂上にあたる部分が水没したのち、周囲のサンゴ礁だけが水面近くまで発達することになった。以後、島は沈み続け、島の頂部に形成されたサンゴ礁は、沈降に合わせて水面直下まで成長を続けた。すなわちケーキにたとえると、スポンジ部分にあたる火山岩からなる島の基盤上に、クリームにあたるサンゴ礁が形成した石灰岩が乗っかっていて、そのクリーム部分が年々分厚くなっていくといったようなものである(図7-3)。

もう少し説明をすると、島が沈降していく中で、サンゴ礁ははじめ、島の周りに形成され、島が完全に水面下に没すると、島の周囲に形成されたリング状のサンゴ礁の内部は、浅い礁湖と呼ばれる水域となった。先のケーキのたとえでいうと、クリームの乗ったスポンジケーキの中央がへこんでいて、ジュースが注がれているという状態だ(こんなケーキはないけれど)。

さて、さらに年月が経つ中で、大東諸島は、今度は隆起することになる。すると、どうなるだろうか。サンゴ礁起源の石灰岩からなる島が水面上に立ちあがるわけだが、その島の中央部は、かつての礁湖の名残で凹み、その中でもより凹地となっている部分に池が形成される。また礁湖を囲むリング状のサンゴ礁は島の中央部よりも高く、また礁湖だった平面部との境は崖状の地形となる。この崖状の地形を島では幕《はぐ》と呼ぶ。北大東島の場合はその幕が直線状になる部分があるため、長幕と呼んでいる。北大東島、南大東島とも、開拓により礁湖起源の平坦地を中心にサトウキビ畑が広がっているが、幕の部分だけは開発が困難で、森となって残されている。つまり、無人島時代からの生き物の避難所となっているのが、この幕なのである。

北大東島の宿は、この幕に隣接しているので、少し歩けば森にたどりつける。途中、ビロウ(図7―4)の植え込みで落ち葉をめくってみる。無人島時代の大東諸島はビロウの森に覆われていたと記録にある。また、ヤシ科のビロウの大きな落ち葉の裏側は、晴天が続いても湿度を保ちやすく、カタツムリのいい避難場所になることが多い。ところが、この場所でめくったビロウの落ち葉の裏側には、カタツムリが見あたらない。代わりに出てきたのはコワモンゴキブリだった。幕の林内に入ると、強い風がさえぎられるのでほっとする。幕はサンゴ礁起源なので、基本は石灰岩の崖で、薄い土壌の上や、石灰岩の隙間にたまった土壌の上に植物が繁茂している。そうした石灰岩の露頭を覗いていたら、洞口が見える。大東諸島は島まるごとが石灰岩地なので、鍾乳洞も多いのだ。こうした鍾乳洞には、まだ人の影響が大きくなる以前、無人島時代のカタツムリの殻が保存されていることがある。大東諸島からは化石のカタツムリが見つかっていて、現生のものよりも殻が大きいので、現生とは別種のも

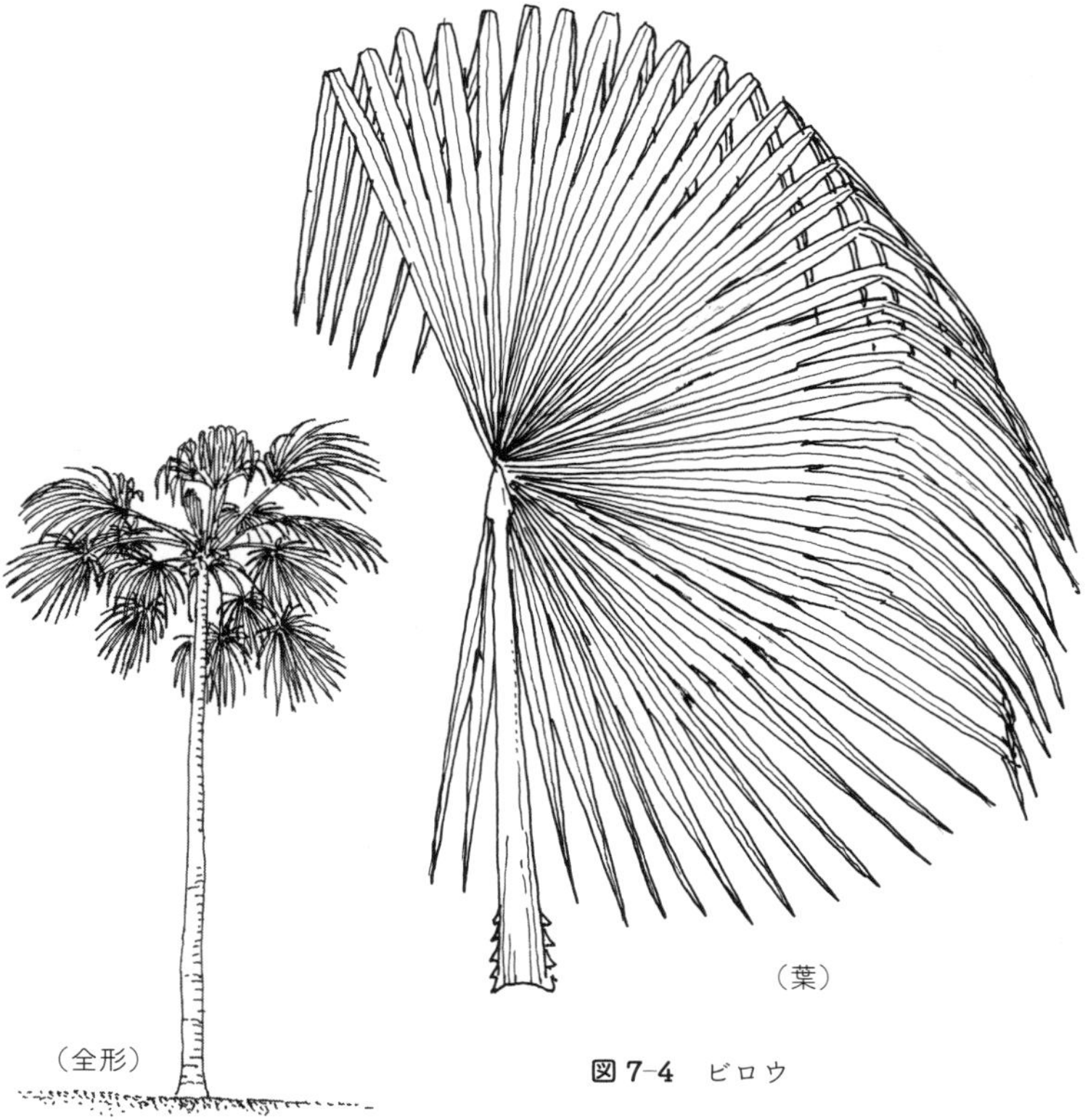

図 7-4　ビロウ

のとして記載されたことがあることは、先に書いた通りだ。

ライトを取り出し、洞内に入ってみる。洞内にはもちろん雨風はない。奥がどこまで続くかとさぐってみると、そこまで深い洞ではない。しかも、かなり加工された跡がある。どうやら小さな鍾乳洞を人工的に拡大したものらしい。戦時中に壕として使われたのか、何かの貯蔵庫として使われたのか。洞床を見ると、点々と北大東島固有種のヘソアキアツマイマイの殻が落ちている。もうつやがなくなり、全体が白っぽくなった古い死殻だ。そのほかに、小さなカタツムリのヘソカドガイの仲間の殻もたくさん落ちている。

洞から出て、幕の縁沿いやキビ畑の中の道を歩いてみる。ここでは、ヘソアキアツマイマイの殻はわずか二個しか見られなかった。あとはみな、アフリカマイマイやオキナワウスカワマイマイばかりだ。だいぶぬれねずみになったので、宿に帰ることにした。

歩き回ってみると、耕作地や人家まわりでは、那覇の街中と同じように、アフリカマイマイやオナジマイマイ、オキナワウスカワマイマイといったカタツムリの殻ばかりが目に入る。一方、那覇の街中にも棲みついている、ヤマタニシの仲間やシュリマイマイは殻を全然見ないので、やはり沖縄島とは違う島にいることを実感する。固有種のヘソアキアツマイマイの殻は森の中に入らないと見られないようだ。翌日は、生きたヘソアキアツマイマイが見られるか、探してみよう。また、石灰岩の崖周辺で、化石のカタツムリが見られないか探してみることにしよう。

翌朝は、雨はあがり、風も弱まり、まずまずの天気となった。宿で自転車を借りて、カタツムリ探索に出かける。まず、かつての北大東島で行われていたリン鉱採掘の遺構のある、西港の裏手の森に入ってみることにした。根っこや岩で地面の露出が少ないが、ヘソアキアツマイマイの色が抜けた古い殻がよく落ちている。オカモノアラガイの殻も見つかるが、これは在来種か移入種か判断がつかなかった。キセルガイの仲間で固有種のダイトウノミギセルの殻もちらほら見られる。海岸の岩場に棲むアラレタマキビの殻があるのは、オカヤドカリが運んで脱ぎ捨てたかららしい。

自転車を走らせ、よさそうな森が見えると、中に入ってみる。森が残っているのは、耕作地にできそうもないようなところばかりだ。つまり、足下は石灰岩がごろごろで、そこにオオタニワタリ類や

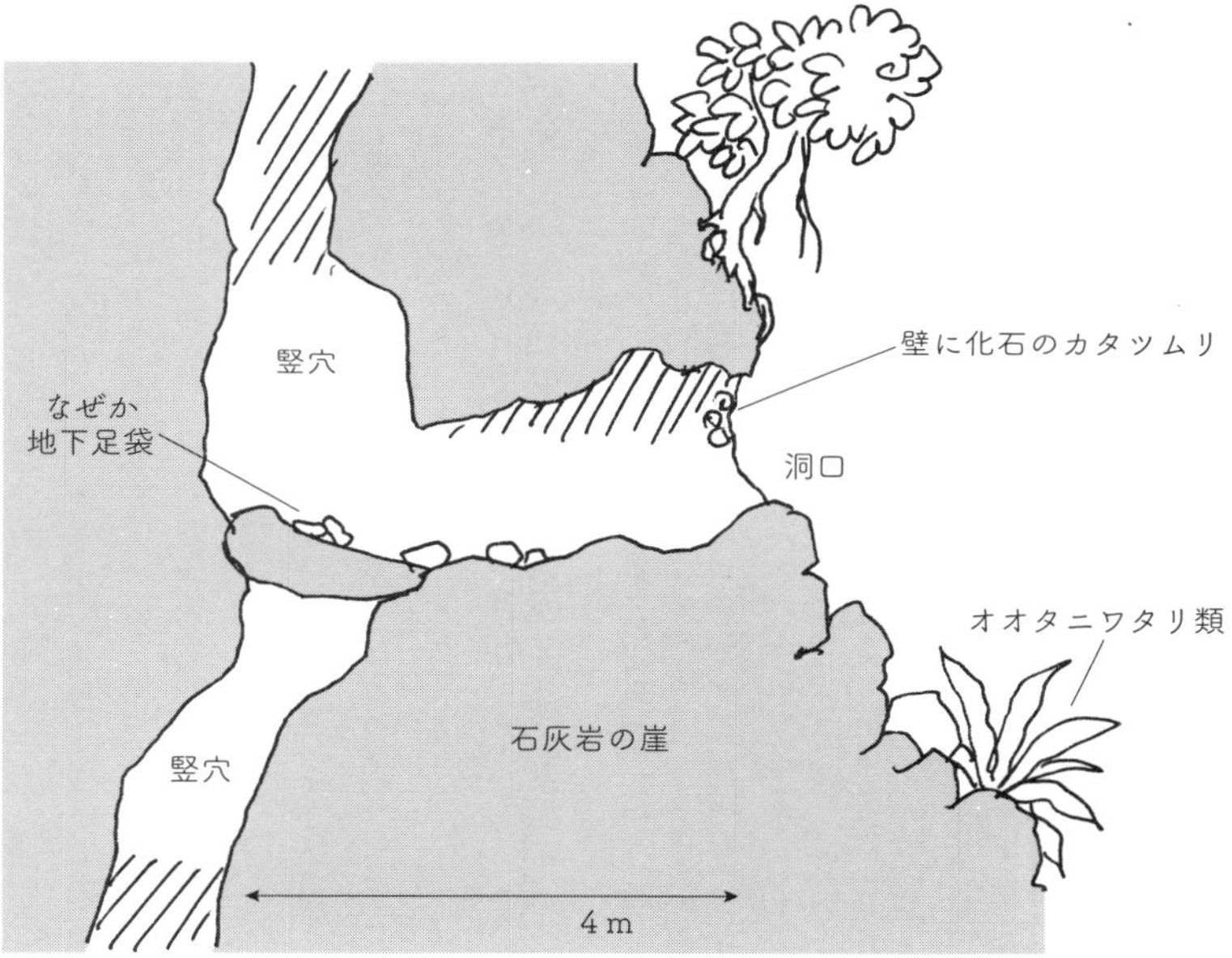

図 7–5　北大東島の洞

ガジュマルが生えている。足元の石灰岩の割れ目が落ち葉などに覆われて見えにくいので、注意深く歩く必要がある。こうした森の中に入ると、ヘソアキアツマイマイの殻はよく落ちている。しかし生きたものは見つからない。

何度か幕周辺の森に出入りしているうちに、崖下の森の中に洞口が開いているのが見えた。崖を少しよじ登って洞口にたどりつくと、カタツムリの殻がばらばらと落ちている。ヘソアキアツマイマイの殻だが、そのうち一つだけ雰囲気が違うものがあった。殻はすっかり白くなっていて、しかも大きい。これは化石なのだろうか。

洞内に入ってみると、奥行は四メートルぐらいの小さな洞だ（図7–5）。ただし天井ははるか上まで竪穴がつきぬけている。一番奥はテラス状だが、よく見ると深い竪穴の上に平たい岩が載っている。なぜかその上に、地下足袋の底が何枚かちらばっている。ひきかえし、洞口まで戻ったところで、そこの壁に、いくつかカタツムリが貼りついているのに気づく。化石のカタツムリだ。あらためて見てみると、確かに現生より大きい。

同じような鍾乳洞が見つからないか、崖をさぐってみることにする。うっかりすると、トウヅルモドキのつるに足をとられそうになる。もし倒れ、顔面が尖った石灰岩にあたったら、大変なことになりそうだ。しかし、崖を覗き込むうちに、また鍾乳洞を見つけた。ただし、見つけた洞は上下に細く伸びる竪穴で、中に入ることができない。さらに探すと次の鍾乳洞が目にとまる。人によって加工された跡のある、奥行の短い洞だ。が、入口の壁わきに、化石のカタツムリのつまった土が堆積している。

昼過ぎに宿に戻り、二時に空港まで送ってもらう。空港でチェックインしたあとに少し間があったので、空港わきのギンネムのやぶで、落ちているカタツムリを拾って数えてみた。五〇センチ四方に落ちていたのは、オナジマイマイ四八個、ヘソアキアツマイマイ一三個、オキナワウスカワマイマイ八個、アフリカマイマイ一個だった。やはり石灰岩地にはカタツムリが多い。しかし、結局、北大東島では生きたヘソアキアツマイマイを見つけることはできなかった。

南大東島での探索

「南大東までの飛行時間はおよそ七分です」

北大東島から飛び立った飛行機内のアナウンスであるが、七分間しかない飛行時間をわざわざアナウンスするのが、なんだかおかしい。そして、アナウンス通り、飛行機は飛び立ったかと思うと、あっという間に南大東島の空港に着陸する。宿に着いたのは四時過ぎだ。さっそくカタツムリ探しを始める。南大東島の繁華街のはずれにある製糖工場近くで探すと、目に入るのはアフリカマイマイの殻ばかりだ。

人家近くでの探索を取りやめ、一番近い幕の森へ。一二月だったので、曇天も重なり、夕方の林内はもう暗い。ビロウやリュウキュウガキの生える林内は、石灰岩がごろごろして足場が悪い。カタツムリを探すのも大変である。しばらくして、北大東島の固有種、ヘソアキアツマイマイの亜種にあたる、南大東島固有のオオアガリマイマイの古い死殻が見つかった。結局、この日のカタツムリ探検はこれで時間いっぱいとなった。

翌日、朝食を食べ終わると、自転車を借りてカタツムリ探索へ。

幕のビロウ林でカタツムリを探してみることにする。北大東島のビロウ林ではカタツムリが見つからなかったが、ここではビロウの落ち葉をめくると、さっそくカタツムリが見つかった。ただしシュリマイマイの死殻だ。南大東島のものは沖縄島から移入されたものだ。ただ、かつて南大東島の在来種と間違われ、ダイトウジママイマイと名付けられ記載されたことがある。[16] シュリマイマイはこれ一個。あとはアフリカマイマイとオオアガリマイマイが多い。殻にかじられたような跡があるのはネズミによるものだろう。ここでは生きたオオアガリマイマイも見つかった（図7-6ａ）。三〇分で合計七個。これからすると、南大東島のほうが、まだアツマイマイ類が生き残っている。

西港に行ってみる。港には高さ一〇メートルほどの切り通しがある。この日は高波のため、車両通

図 7-6　南大東島で見つけた生きたオオアガリマイマイ(a)と化石になったオオアガリマイマイ(b)

行止めとなっている。高波のせいで、港に通じるスロープの端まで水が来ている。高波にさらわれたらしゃれにならない。その水の来ているあたりの切り通しの壁に鍾乳洞の断面があり、その断面にカタツムリが貼りついている。がちがちに固まっていて、とてもはずすことができないが、オオアガリマイマイの化石だ(図7-6b)。これも、現生に比べて殻が大きい。また、殻の周縁部にキールと呼ばれる張り出しがあるのが見られる。

この西港の入口には三本の鉄筋コンクリートの上陸記念碑が建っている。一本には「開拓主玉置半右衛門翁之依命探検初航海第一回回洋丸船長小島岩松君上陸記念碑」とある。真ん中は小島岩松と開拓所事務長の山田多恵吉の碑。三本目には「玉置翁開拓鳥島明治三十五年爆発記念碑」とある。もともとは一九〇四年に木でつくられたそうだが、一九三〇年に現在のように再建された。この碑の向かいのビロウ林で、現生のアツマイマイの死殻がよく見られた。化石と比べると小型で、そろばん玉のように殻の周囲が少し張り出している。また拾い上げてみると、現生のもの同士でも色彩などにバリエーションのあることがわかる。

南大東島は、八丈島からの移民によって開拓された島であるため、八丈島由来の文化と、沖縄から移住してきた人の文化が入り混じっている。八丈島由来の文化の一つである大東神社へ足を向ける。ここではシュリマイマイの殻を拾う。ほかにはアフリカマイマイとオナジマイマイがよく見られる。いずれも移入種だ。また、木々の葉裏には、数ミリの大きさしかない小さなカタツムリがいくつも貼りついている。こちらは在来種のイオウジマノミガイの仲間だ（図7-7）。

最後に、キビ畑の中に残る、こんもりとした森の中にある秋葉神社にも行ってみた。境内に登る手すりのわきに、鍾乳洞の竪穴がある。この鍾乳洞は、戦時中に利用されていたという話を読んだことがある。洞内は狭く、真下に穴がつづく。人工的な石組みもつくられている。洞口あたりを探してみると、堆積物の中に化石カタツムリが混じっていた。周囲のビロウの葉をめくると、現生のアツマイマイの殻も見られる。ここのものには褐色味が強い個体が混じっている。

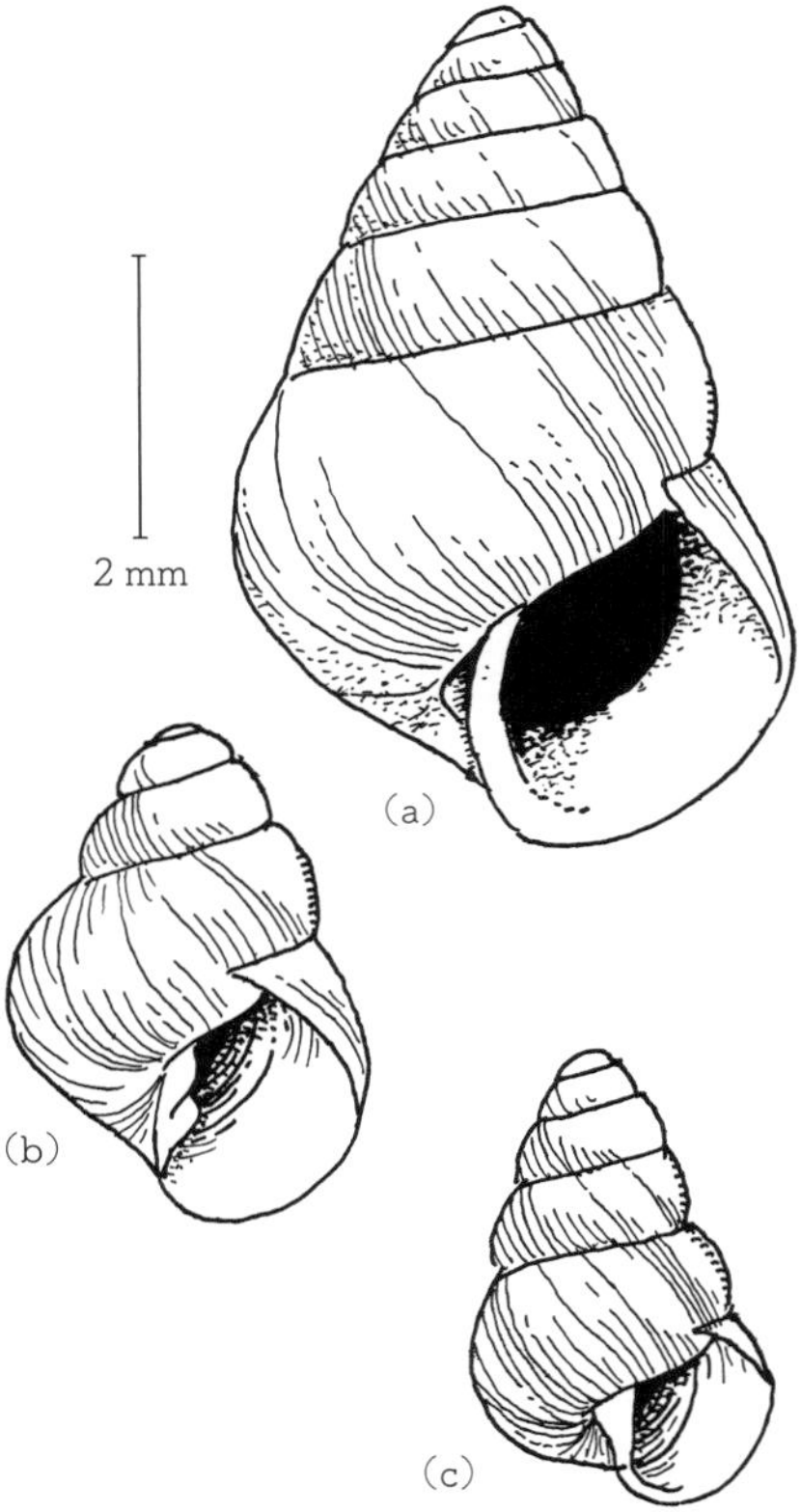

図 7-7　南大東島の小形カタツムリ
(a)ダイトウオカチグサ，(b)イオウジマノミガイ，(c)ノミガイ

ただし生きたものは見つけられず、飛行機の搭乗時刻となってしまった。

大東諸島のカタツムリの危機

明治期まで無人島だった南北大東島には、古くから伝わる伝統文化は存在しない。それでも、入植した人々が故郷の文化を島に持ち込み、はたまた島で新たな文化を生み出す。先に南大東島の歴史の概略を聞かせてくれたM・Kさんが、「虫神」という南大東島独自の文化にまつわる話をしてくれた。

「昔は、サツマイモとか、サトイモをよく食べました。キビの害虫、もともとはハリガネムシという虫が多くて、それをなくすために虫神様をつくったと聞きました。ハリガネムシは地面からキビの芯を食べる。ミミズみたいで、硬い虫です。今は見ないです。バッタの大被害も前はありました。今は、そんなにいない。あれも大変です。キビの葉っぱを食べるから。普通のバッタのほかに、タイワンバッタという種類もいます。学生のころ、子バッタを網に入れて、洞窟に捨てました。網を張って、そこに追って行って捕まえて。黒いコガネムシもいて、あれもキビの芯に入ったら大変です。今はあまり見ないです」

アブシバレーのような伝統行事はないものの、南大東島には、害虫退治に関連して、虫神と呼ばれる祠と、その祠を祀る行事がある。この行事のいわれを調べてみると、M・Kさんとは異なった話が紹介されており、こちらがより正確であるようだ。

「大正一一年ごろ、島の基幹作物であるサトウキビに黒穂病が発生しました。(中略)他にもササラ病、白条病、赤錆病が発生し、その上害虫のメイ虫、メンガ虫、バッタが大発生し最大の危機を迎えました。昭和二年にはバッタの大発生に見舞われて、製糖会社の補助で（中略）三日三晩、島民挙げての捕獲駆除作戦が行われました。（中略）そのさまを見た奥山菊田朗さんが「虫神様」の祠を建立しました」[17]

その後、六月四日を「虫の日」として、人々が祠に集まり祭礼を行うようになったものの、一時中断。二〇〇四年から祭礼が復活し、現在に至っている。

六月四日に行われる、その祭礼を見に行ってみた。幕の森の中に、ごく小さな祠が祀られている。その祠の前で、神女役を務める女性が一〇分ほど祝詞《のりと》をあげ、その後、参加者各自が祠に拝礼し、最後に大東太鼓が打ち鳴らされるという、全部で一五分ほどのささやかな祭礼である。私が参加したときの参列者は五〇名ほどだった。

南大東島の祭礼らしく、八丈島と沖縄の文化が「チャンプルー」（沖縄でミックスを意味する）になっている。祝詞はウチナーグチ（沖縄の言葉）であったが、大東太鼓は八丈太鼓の流れをくんだ郷土芸能だ。さらに、先ほどまでウチナーグチで祝詞をあげていた女性が、太鼓に合わせて「キタマタソレマタ」と八丈太鼓ふうの合いの手を入れていたところが、なおさらチャンプルーであった。

この祭礼が終わってからの交流会が、また興味深かった。まず、南大東島地方気象台主催の気象勉強会があるのだ。参加者のほとんどはサトウキビ農家であり、注目はその年の降水量の予測である。

「ここ二年は旱魃《かんばつ》続きで、そのために気象台の台長は旱魃台長などといわれていましたが、四月から私が気象台に赴任し、そんなことのないようにと皆さんに挨拶をしました。それから毎日、雨降れーと、祈っています」

気象台台長による、そんな挨拶から始まる。勉強会のあとは、ヤギ汁と泡盛で宴会となる。その虫神祭りに参加した折、南大東島生まれのSさんから、南大東島におけるアフリカマイマイの利用について話を聞いた。

「僕らの子どものころは、アフリカマイマイに育てられたようなものだから。食べ方はゆでて身を抜くか、生きたまま殻を割る。内臓と身を分けて、身をかまどの灰でもんでぬめりをとるわけ。そうすると、食べたとき、コリコリしよったです。年取ったオスは固かったです。アフリカマイマイのオスとメス、明らかに判別できるよ。食感、まるで違います。僕らはアフリカマイマイがマイマイ。平たいやつがカタツムリ。そう思っとったです」

アフリカマイマイは雌雄同体であるから、オスとメスで食感が違うというのは誤認であろう。ともあれ、南大東島でも終戦後の一時期、アフリカマイマイが盛んに食用とされていた時期があったのだ。文献によれば、アフリカマイマイは、南大東島には一九三九年に食用として沖縄島から移入されたとある。[18]『南大東村誌』の中にも、アフリカマイマイを食べたことに関する記述が、次のように見られる。

「軍隊（戦時中は日本軍が駐屯していた）の引き揚げ後カタツムリが異常大発生し、作物にも大きな被害が生じたので、村民総出動し（中略）駆除に当たった」

「終戦直後は食用カタツムリを煮たり、酢味噌にしたりして食べる者も多かったが、米軍から食糧が配給されるようになるとしだいに食べる者もいなくなった」

一方、先に書いたように、入植当時の記録には、カタツムリに関する記述は一切登場しない。『南大東村誌』に掲載されている入植当時の記録を、あらためて見てみる。「夕刻お湯の往復など三歩に二歩は必ず椰子蟹の背を超えたるものなり」など、当時のヤシガニの多さについて記述が見られることに気づく。[19] ヤシガニは、何より食用になった。また場合によってはヤシガニの脂を灯油代わりにも使った。こうした人との関わりのある生き物が記録に残された。入植当時は、今よりもずっとアツマイマイ類は多かったはずだが、人々の視野の外にあった。

『改訂 沖縄県の絶滅のおそれのある野生動物』には、北大東島のヘソアキアツマイマイについて、次のような記述がある。[20]

「二〇〇〇年代中頃までは長幕の自然林に多産し、一日で一〇〇個体以上を見出すことも容易であったが、近年激減し、二〇一五、二〇一六年の調査ではわずかな個体しか確認されていない。（中略）捕食者であるニューギニアヤリガタリクウズムシの侵入などにより短期間で激減した可能性が極めて高い」

南大東島でニューギニアヤリガタリクウズムシが見つかったのは、二〇〇四年のことである。[21] 南北大東島のカタツムリたちは、グアムやハワイのカタツムリ同様、危機にある。南北大東島のカタツムリが人々の注目を浴びるようになったのは、皮肉なことに、その存在が危機的な状況におかれるようになってからのことだった。

同様のことは、小笠原でも起きている。

海洋島の小笠原諸島からは、固有のカタツムリが多数、記録されている。しかし、記録された九五種のカタツムリのうち、すでに約四〇％が絶滅したとされている。[22] それらは、無人島であった小笠原諸島への入植後、人々が行った開発の結果だったが、近年は、それに加え移入種が在来のカタツムリの絶滅を引き起こしている。その原因となったのは、またしてもニューギニアヤリガタリクウズムシであり、さらには、それを持ち込ませる原因となったアフリカマイマイだった。

「父島の〔固有種の〕カタマイマイたちを滅ぼしたのは、ニューギニアヤリガタリクウズムシ、カタツムリを食べる陸生のプラナリアであった。大河内勇と大林隆司は、このウズムシが、一九九〇年代初めにどこからか父島に持ち込まれ、急激に増えて固有のカタツムリをほとんど全滅させたことを明らかにした。（中略）この恐るべきモンスターが、故郷のニューギニアから持ち出された理由も、これを使うことで、アフリカマイマイを自然にやさしく確実に駆除できそうだったからである[23]」

カタツムリが、カタツムリを滅ぼす要因になっている。むろん、それは介在している人のあり方が問題であるからだ。

過去を覗く窓

「なんだか地味でパッとしないカタツムリ」

カタツムリを軸に、進化論の歴史を熱く語る『歌うカタツムリ──進化とらせんの物語』という本の裏表紙に書かれた文の一節である[24]。この一節を目にして、カタツムリは、一般的には「地味」と思われている存在なのだということを、あらためて実感した。そして、あたりまえのものは、失われつつあるとき、初めてその貴重さに気づかされる。

一昔前はあたりまえだった、琉球列島の里山のありさまも、そこで行われていた自然利用も、当時はあたりまえであったからこそ、あっという間に失われ、失われたことさえ、あまり意識されてこなかった。カタツムリも、そうした存在だ。だから、それと気づかれずに姿を消したカタツムリもいるはずである。

那覇市内に残された末吉公園におもむく。林床には無数のカタツムリの殻が散らばっている。地上や樹上のそこここに、生きているカタツムリの姿も見られる。しかし、だからといって、末吉公園の森のカタツムリが、昔も今も同じありさまであるわけではない。第一、移入種のアフリカマイマイの大きな殻が転がっているのが目につく。

末吉公園の森で目に入るカタツムリは、アフリカマイマイ以外には、シュリマイマイやオキナワウスカワマイマイ、パンダナマイマイ、オキナワヤマタカマイマイ、アオミオカタニシ、オキナワヤマタニシ、オキナワヤマキサゴといったものたちだ(表1-3)。また、生きている姿はめったに見られないが、オオカサマイマイ(図7-8)やシュリケマイマイも見られる。ほかにもまだ、小型のカタツムリが何種かいる。

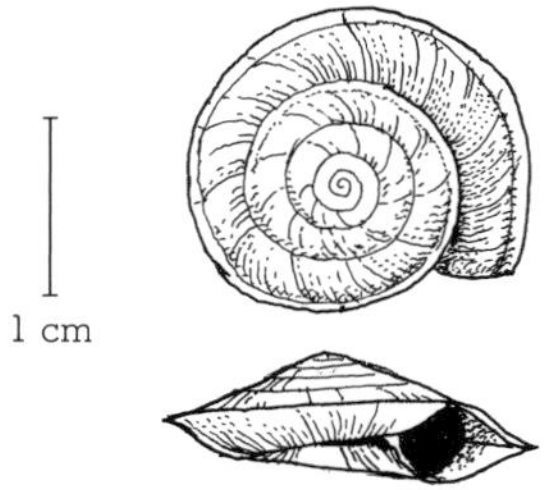
図 7-8　オオカサマイマイ

末吉公園の森は、あんがい起伏に富んでいる。それは、石灰岩の崖地があるからだ。南北大東島で見たように、こうした石灰岩の割れ目や穴には、古い時代のカタツムリの殻が化石として残されている場合がある。アルカリ質の石灰岩周囲の土壌は、カタツムリの殻が溶かされるのを防ぎ、化石として保存されるのを助けるのである。

末吉公園の森で探索を続けたところ、石灰岩の崖のわきにある割れ目で、古いカタツムリの殻を見出すことができた。どのくらい前の時代のものかは、年代測定をしていないのでわからない。ただし、現生のものではないということがわかるのは、今、ここでは見ることのできないカタツムリの殻だからだ。末吉公園の森で見つけることのできた古いカタツムリの殻のうち、現在、生きている姿を見ることができないものの主な種類の名をあげると、表7−1のようになる。

表7−1 末吉公園の森に古い殻が見られるうち，現在，生きた姿が見られないカタツムリ

ツヤギセル
キンチャクギセル
イトマンケマイマイ
オキナワムシオイガイ
ヒラセアツブタガイ
リュウキュウゴマガイ
クニガミゴマガイ

たくさんのカタツムリが見られる末吉公園の森も、「昔」と比べると、これだけのカタツムリの種類が見られなくなるという、環境の変化が起こっていることがわかる。一方、那覇から車で三〇分ほど走ったところにある、南城市の市役所裏の森では、ツヤギセルやキンチャクギセル、ヒラセアツブタガイを普通に見ることができた。環境の変化の度合いが高くなるにつれて、抜け落ちていく種類が増えていくということだろう。

末吉公園の森の土壌中から化石状態で見つかったオキナワムシオイガイ(図7−9)は、現在、沖縄島北部の大宜味村のきわめて限られた範囲の森の中でしか見ることのできない種類だ。こうした種類が化石で見つかるのは、かつての末吉に、かなり原生的な自然が存在していた証だろう。

カタツムリを追いかけていると、街中の公園の石灰岩の割れ目や窪みにも、過去という別世界を覗くことのできる、窓のようなものがあることに気づく。そうした窓は、それと気づけば、あちこちに存在する。そして、窓を覗けば、足下の自然がどれほど変化してきたかに気づかされる。

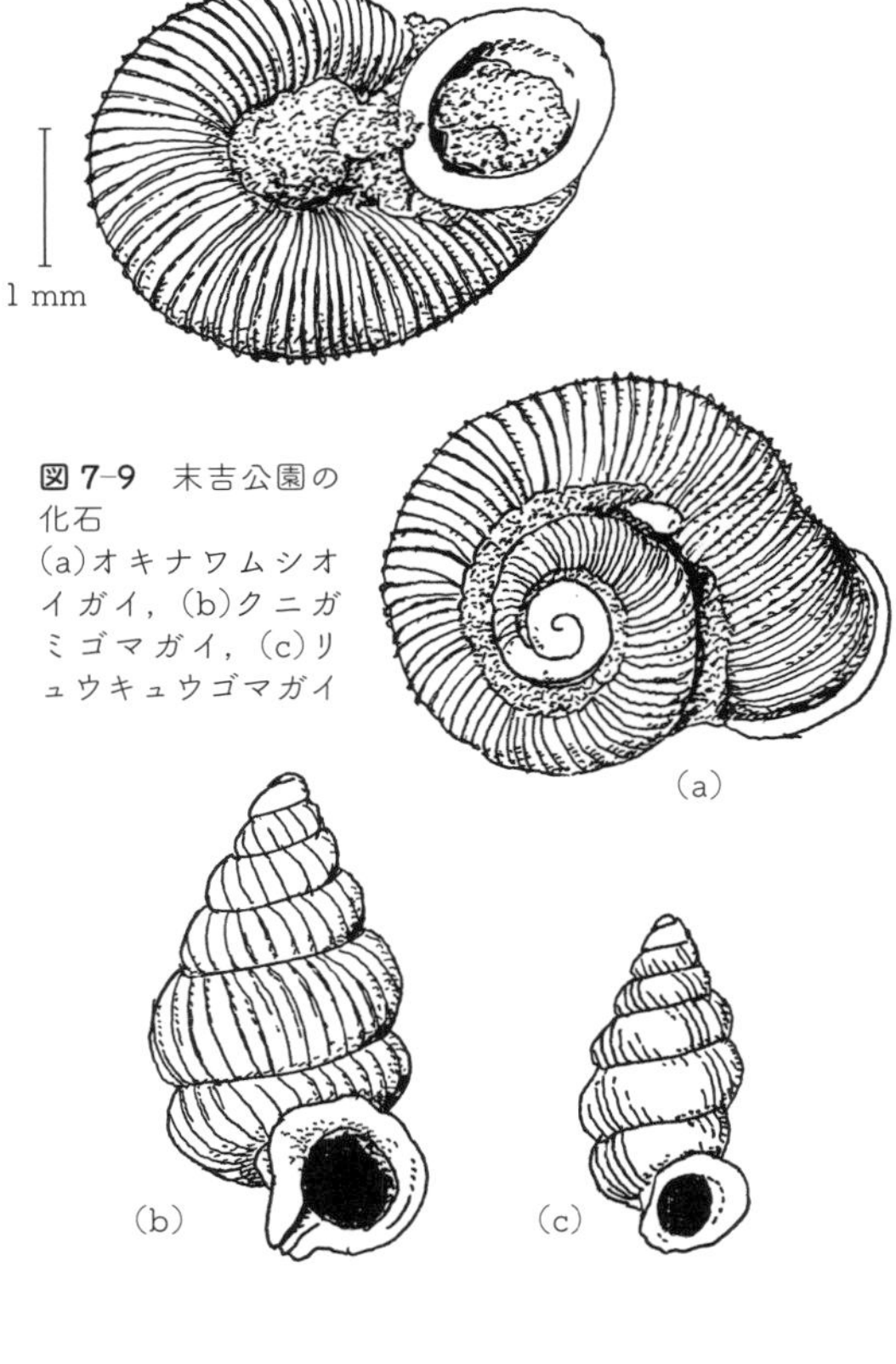

図 7–9　末吉公園の化石
(a)オキナワムシオイガイ，(b)クニガミゴマガイ，(c)リュウキュウゴマガイ

第八章　カタツムリの島

常世のカタツムリ

奄美大島の東二五キロの海上に浮かぶ喜界島は、全長一四キロと小さな、全島的に平坦な低島である。サトウキビ畑が広がるこの島まで足を運ぶ観光客は、あまり多くはないかもしれない。

初めて喜界島を訪れたのは一九九八年。三〇年ほど前になる。特に目的があったわけではなく、自転車を借りて島をめぐったのだが、サトウキビ畑ばかりが広がる風景に、ややげんなりしてしまった。ところが、気になるものを一つ見つけた。それはサトウキビ畑の中を通る道の上に転がっていたカタツムリだった。琉球列島の島々ではあまり見かけない姿をしたカタツムリで、さらに、白化した殻の表面にところどころ石灰分がこびりついているところからすると、どうやら拾い上げたカタツムリは現生のものではなく、化石であるようだった。ただ、周囲を見渡しても化石が入っている露頭は見あたらない。どこから転がり出してきたのかは、まったく見当がつかなかった。

拾い上げたカタツムリの正体が気になり、当時住んでいた埼玉の自宅に戻ったあとで、千葉県立中央博物館の黒住耐二さんに送り、見てもらうことにした。返信に書かれていたのは、「トコヨマイマイと呼ばれる絶滅種の化石である」という内容だった。

常世《とこよ》とは、あの世のことだ。絶滅種のカタツムリとして、実に印象的な名である。トコヨマイマイのことは、それからずっと気になり続けた。

トコヨマイマイに再会をはたせたのは、かつての自然利用の話を聞きに琉球列島の島々をめぐるようになり、喜界島に再び足を運んだ折のことだった。島の方々からの聞き取り調査の際に、化石のカタツムリの見られる露頭があることが話題に上り、驚かされた。さっそく、その場所に案内をしてもらうと、人工的に掘削された古砂丘の断面に、トコヨマイマイが層をなしていた（図8-1）。このときは時間が限られていたため、一度沖縄に戻ってから、あらためて化石カタツムリ調査に島を訪れることにした。

図8-1　喜界島の古砂丘中のトコヨマイマイ化石

トコヨマイマイは、琉球列島でよく見るシュリマイマイの仲間とは殻の形が異なり、日本本土でよく見る、いわゆるマイマイの仲間（オナジマイマイ科マイマイ属）と似た姿のカタツムリである（図8-2a）。実際、トコヨマイマイは、口永良部島などに分布している、オナジマイマイ科マイマイ属のクロマイマイに近い種類だと考えられている。[1]

喜界島の化石カタツムリ相については、すでにいくつか研究の成果が発表されている。特徴的なことの一つは、北方系のカタツムリであるヤマボタルガイ（図8-2b）が見られることだ。

ヤマボタルガイはヨーロッパ、北アフリカ、中国東北地方、シベリア、朝鮮半島、北アメリカと、北極をめぐる地方に広く分布するカタツムリである。日本では北海道から中部地方の長野県南佐久市にかけて、加えて伊豆諸島の八丈島と青ヶ島に分布している。このように、ヤマボタルガイは、どちらかというと寒冷な地方に棲む種類である。南の島の八丈島や青ヶ島にも見られるのは、北方から海流に乗ってきたためではないかという考えが提出されている。[2] そのヤマボタルガイが、飛び離れたように、喜界島から化石として出土するのである。なお同様に、宮古諸島の多良間島の古砂丘からもヤマボタルガイの化石が出土する。

喜界島から(多良間島も同様に)ヤマボタルガイの化石が産出するわけは、最終氷期で海水面が低下し、東シナ海が広く陸地化していたとき(五万〜二万五〇〇〇年前)、揚子江や黄河の河口部も、今よりもずっと琉球列島に近い位置にあり、そうした大河から流れ出た木材と一緒に、中国大陸に分布して

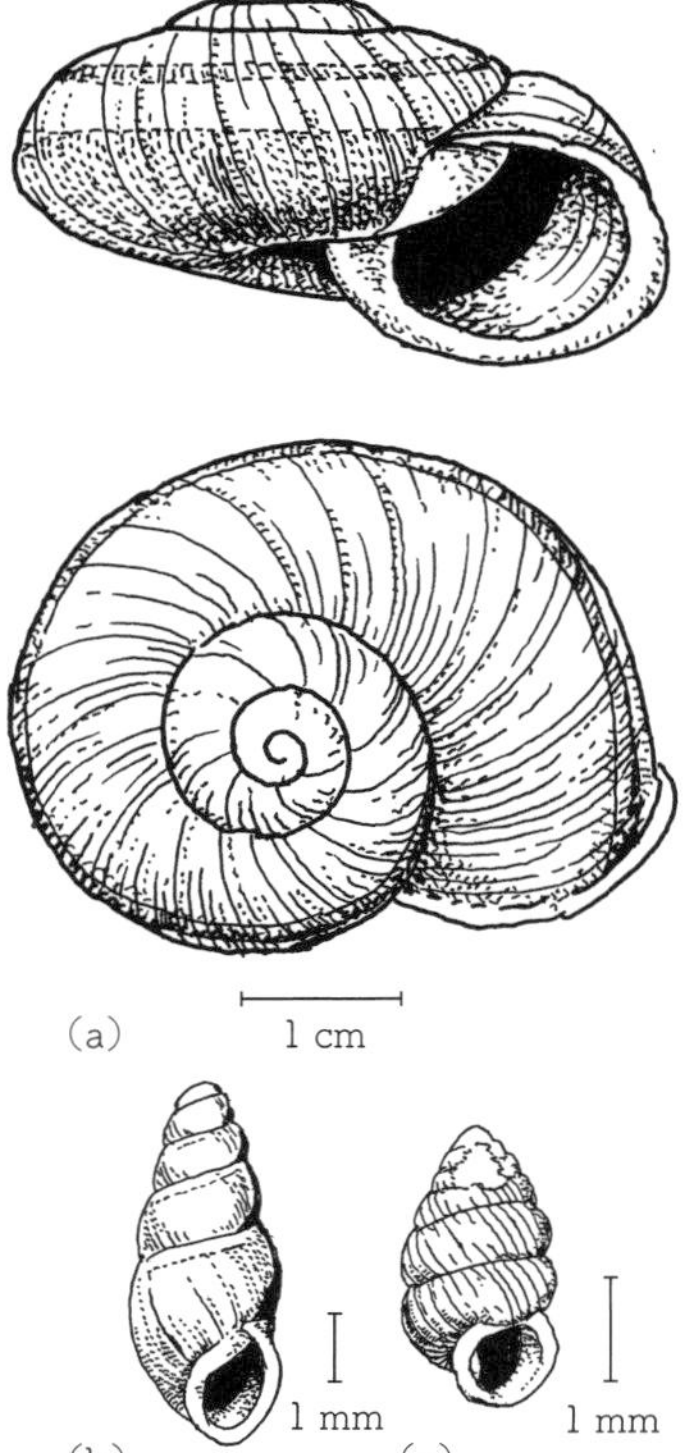

図 8-2 喜界島の化石
(a)トコヨマイマイ,(b)ヤマボタルガイ,(c)ネムリゴマガイ

いたヤマボタルガイが喜界島（と多良間島）に漂着したのではないか、という仮説が提出されている。[3]なお、喜界島の古砂丘からは、トコヨマイマイやヤマボタルガイのほかにも、ネムリゴマガイ（図８−２ｃ）、サナギガイといった、現在、喜界島では見ることのできないカタツムリの化石が見つかっている。[4]

トコヨマイマイやヤマボタルガイの化石は、奄美大島では見つかっていない。逆に、奄美大島では普通に見かけるアズキガイのようなカタツムリを、喜界島で見ることはない。ほんの目と鼻の先といった距離ぐらいしかないように思える奄美大島と喜界島で、見られるカタツムリに違いがある。島は一つの世界である。たとえ山のない小さな島であろうとも、他の島とそれほどの距離でへだてられていないように見えようとも、その島は、その島だけしかもちえない世界を秘めている。トコヨマイマイに再会できたのは、自然利用の聞き取り調査を続ける中で、そうした島の固有性に気づけるようになっていたからにほかならない。

低島への興味

私が初めて沖縄に出会ったのは、小学校の五、六年生のころに手にした、子ども向けの学習雑誌の西表島特集でだった。ここで取り上げられていた西表島の自然は、強く私を引きつけた。大学を卒業し、教員となってのちは、稼いだお金で自由に旅ができるようになったおかげで、足しげく西表島に通うことになった。

沖縄に移住し、さらにうとぅすいの方々の話の中に「あわい」の世界があることに気づき、そうした「西表島至上主義」に変化が起こる。それまでは、私の中で喜界島や与論島といった低島は、サトウキビ畑ばかりが広がり、生き物の姿が薄い、「それほど行ってみたいと思わない島」だった。

ところが、うとぅすいの方々の話を聞くと、かつては自給自足の生活があたりまえであったという。自給自足をするためには、食料となる作物の生産だけでは足りない。作物を育てる肥料をどこかから得なければならない。食事の煮炊きをする際の燃料も必要である。農作業には、さまざまな用途に使う縄や綱が必要となるが、それらも島内に生育している植物から得なければならない。はたまた、作物だけでは不足しがちなタンパク質も山野、海域から得ていたはずだ。子どもたちにとっては、何をおやつにするのかということも重大な問題である。こうして、自給自足に必要な資源を列挙してみたとき、周囲や背後に森が広がる高島と、全島的に平たく、そのほとんどが耕作地として拓かれがちの低島では、資源の利用方法に違いがあるだろうことは、すぐに予測がつく。燃料の問題一つとっても、森のない低島では、どのように燃料をまかなっていたのかと、疑問が頭に浮かぶ。こうなると、実際に低島をめぐり、当時の自然利用について、うとぅすいの方々から話を聞かざるを得なくなる。実際に聞いてみると、一口に低島とくくっていた島同士でも、自然利用にはそれぞれに違いがあって、興味がつきない。

喜界島の聞き取りの中で、薪には木ではなく、ススキやソテツの葉、サトウキビの絞った粕(ウンニャラーという)などを利用したと聞いた。また集落によっては、集落前の海岸に生えているササンダー(コウライシバ)を採って燃料としたともいう。つまり、伸びた芝生のようなものを燃料にしていたということで、こうしたものまで利用していたということに驚かされた。

そのようにして低島の自然利用に目が向き、実際におもむいてみると、それまで見えていなかった低島の自然そのものにも、興味深い点があることに気づいたりする。そうして私は、トコヨマイマイに再会することができたのだった。

生物文化多様性

二〇一〇年に名古屋市でＣＯＰ10（生物多様性条約第一〇回締結国会議）が開催されて以降、日本でも生物多様性という言葉を頻繁に耳にするようになった。地球上で人間がこれまで生きてこられたのは生物多様性に依拠していたからだし、これからも生き続けるには、生物多様性を保全しなければならない。そうした認識が少しずつ、社会に共有されるようになってきていると思う。

私はそれこそ、生物多様性に惹かれて琉球列島に通うようになり、その末に、沖縄島に住みついた。やがて私の興味は、生物多様性そのものから島の人々の自然利用についても広がっていった。その興味の一端に、本書で紹介しているカタツムリと人との関係史がある。そして人と自然との関わりに興味をもち、島を訪れると、今度は、あらためてその島の固有の自然に気づかされることがある。すなわち、生物の多様性と、人々の文化の多様性は関わり合っている。

生物文化多様性という概念がある。

「生物文化多様性とは、生物多様性と文化多様性の単なる和ではなく、両者の相互作用、言いかえれば「生物多様性と文化多様性のつながり」をふくむ概念である。すなわち、「ある土地の生物とその恩恵を受けてきた地域住民の文化」が互いに影響を及ぼし合う過程を通じて維持されてきた多様性を指している」

生物文化多様性について興味をもつようになり、島々をめぐるうち、私は与論島の存在が気になるようになった。与論島が気になったのは、琉球列島の中でも小さな低島であるからだ。隆起サンゴ礁からなる低島には、山や川がない。また全体的に平坦であるため、耕地への転換など、人間の自然改変を受けやすい。生物多様性という面からすると、魅力があまり感じられない環境にある。しかし、そのような島で、長い間、人々は暮らしてきた。自然の資源が限られた低島で、どのようにして持続的に自然資源を得ていたのだろうか。低島というきわめて限られた自然環境の中での資源の持続的な利用の知恵は、地球全体が一つの限られた自然環境であることが強く意識されるようになってきている現代において、普遍的な問題解決と無縁ではないように思える。

しかも同じ低島に区分される島同士でも、自然利用については個々別々の違いがある。与論島には、与論島ならではの固有の自然利用があったに違いない。さらに調べてみると、与論島からは化石カタツムリの報告もされている。そのカタツムリは与論島固有の絶滅種であるという。与論島に固有の世界を見てみたいという思いが湧き上がる。

日本のグアム

鹿児島市から南へ五六三キロ。鹿児島県最南端部に位置するのが与論島だ。

与論島とは、どんな島だろう。与論島の観光協会が発行している観光ガイドを手に取ってみる。表紙は白い砂浜の前に広がる、エメラルドグリーンの海だ。そこに、ハイビスカスやブーゲンビリア、ランタナなどの花々の写真が配置されている。表紙をめくると、そこには与論島の位置を示した日本地図と、「日本屈指の透明度が自慢！　青い海と白いビーチのコーラルアイランド」の文字が、やはり青い海の写真をバックに浮かび上がる。サンゴ礁の生き物たちや、マリンスポーツに興じる人々の写真も、そこここに配置されている。

次のページは「島の風景を彩る色鮮やかな花々、多種多様な動植物が息づく豊かな自然」と題される。隣のページには「与論島の文化、人々の暮らし　昔の島の生活を体感」とあり、昔ながらのカヤで葺かれた床の高い倉（高倉）の写真が配置されている。さらにページをめくると、今度は与論島の歴史の紹介である。

明治以前の時代が「奄美世《あまんゆ》」「按司世《あじゆ》」「那覇世《なはゆ》」「大和世《やまとゆ》」に四区分されている。奄美世は、九世紀までのヤマトに朝貢していた時代、按司世はその後、一二六六年に琉球王府の施政下に入るまでの、どこにも所属せず、かつ按司と呼ばれる首長たちが島を治めていた時代と説明されている。以下の時代の説明は、ガイドから引用してみる。

那覇世一二六六年〜
文永三年（一二六六年）、琉球王朝の善政を慕って自ら英祖王に納貢し、以後三四〇年間琉球王の統治下にありました。このころは平和で安穏を謳歌した時代「那覇世」であり、後の藩政時代である「大和世」とは特に区別されています。

大和世一六〇九年～
慶長一四年（一六〇九年）、島津藩の琉球征服の結果、与論を含む大島諸島は琉球から分割されて薩摩の直属となり、それから明治四年（一八七一年）の廃藩置県までの約二六〇年間、沖永良部に含まれた行政管下に置かれることとなりました。封建政治の奴隷的植民地政策にしん吟せざるを得ない時代でした。この「大和世」の間、元禄以後は砂糖が重要な意義を持ち、特に延享三年（一七四六年）の〝換糖上納〟決定以後、サトウキビが主作の地位につき、産業経済に重大な影響を与えました。

その後、明治維新を迎える。第二次世界大戦後の一九四六～五三年の間は米軍政下にあった。その後、日本に復帰したが、一九七二年の沖縄の復帰までは日本最南端の島として、人気の観光地であったと書かれている。文献によれば、一九六七年に与論島のサンゴ礁の美しさが注目されるようになったことに加え、一九六九年から大手の旅行社が与論島を「日本のハワイ、グアム」として宣伝して売り出したことから観光客が増えたとある。一九七九年には年間入域者数が一五万三八七人に達したが、その後、沖縄観光が本格化する中で観光客数は減少していった。[6]
与論島は、かつてグアムになぞらえられていた島なのだ。

カタツムリの島

与論島は大まかにいえば、全体が平坦な（一部、段丘崖が見られる）低島だ。そのため、森がなく、自給自足の時代には、燃料や材木を得るのが困難だったことは、すでに紹介した。そして、川らしい川がないため、水に苦労するというのも、低島に共通した悩みだ。

「雨はユガフ(豊年)をもたらすとされ、雨が降るとユガフタバーチ(豊年を下さった)といって祝いまでしたものだという。また、雨のことをユガフともいい、雨が降ると「ユガフ　ナッタバリ」といって、先祖にお礼をするという」[7]

右に紹介した一文は、与論島でいかに雨が大事に思われていたか、つまりはそれだけ水に苦労する生活だったかを物語るものである。

『南日本新聞』に、一九七三年九月から一二月にかけて連載された記事をまとめた『与論島移住史』という本がある。小さな与論島では暮らしていくことができない人々が、明治以降、島を出て九州の炭鉱や、戦前の満州に移民した歴史もある。この歴史を追った連載を本にまとめたものなのだが、そこに、かつての与論島の人々の暮らしが簡単にまとめられている。[8]

「水とタキギが少ない。いまでこそ、地下水をポンプでくみ上げ、プロパンガスをたいているが、一昔前までは、塩分のまじる井戸水を飲み、ソテツの葉をタキギにしなければならなかった」

「せまくて平らな島には川がない。わずか二十ヘクタール足らずの天水田があるだけで、あとは畑ばかり。(中略)戦前までは主食はサツマイモだった。(中略)島の人たちをもっとも苦しめたのは、台風と干ばつだった」

「与論島の集団移住の歴史は、明治三十二年にはじまるが、そのキッカケとなったのも、前年夏のすさまじい台風だった」

この本の冒頭も引用してみよう。

「与論島は鹿児島県の一番南、沖縄のすぐ手前にある、チョウチョウ魚の形をした面積二十平方キロの島です、と町勢要覧に書いてある。チョウチョウ魚といっても、ちょっとわかりにくいと考えたのか、最近の観光パンフレットの中には、カタツムリに似た形と、わざわざ書き換えたものもある。なるほど、地図を見ているると、どちらにも似ている。でも、色とりどりの熱帯魚が群れ遊ぶサンゴ礁の島なのだから、やっぱりチョウチョウ魚と言った方がいい。山にいるカタツムリでは、わかりやすいけれど、何か味気ない。(中略)離島の人たちにとって、チョウはあこがれの的だった。小さな羽にもかかわらず、大きな海をやすやすと越える。チョウに化身して、荒海を渡りたいと願った人たちも多かったことだろう。だから、足ののろいカタツムリでは、単なる島の形のたとえにしても、かわいそうな気がする」

カタツムリはひどいいわれようだ。しかし、ハワイの例で見たように、カタツムリはチョウよりもなお、海を長距離渡ることのできる生き物だ。ただし、この文は、奇しくも与論島がその形をもって、カタツムリと縁があることを物語ってくれている。

与論島の生物文化多様性

与論島がどのような島であるのか、生物文化多様性の面から見ておきたい。

島の方々から昔の自然利用の話を聞き取るために与論島に向かう。那覇空港から空路、与論島に飛べば、所要時間は四〇分ほどだが、那覇から五時間ほどかけての船旅を選んだ。港に降り立ち、知人から紹介をしてもらった島の方々に会い、島をめぐりながら話をうかがった。
　例えば、かつての自然利用の中で、私が特に注意を払って聞き取っている事項の一つ、魚毒に関して。植物に含まれる成分を利用して、川や潮だまりで魚を麻痺させて捕るのが魚毒漁だ。現在は法律で禁止されているが、以前は琉球列島の島々で、さまざまな植物を利用して行われていた。島々で話を聞き比較してみると、魚毒漁は、島の自然環境を反映すると思われた。[9]
　琉球列島の島々で、魚毒漁に使われる代表的な樹木に、ツバキ科のイジュがある。使用するのは樹皮だ。しかし、与論島の場合、森がないのでイジュが得られない。代わりに畑の雑草として生える、サクラソウ科のルリハコベが主に使われた。さらに、海岸の石灰岩の岩場(与論島ではハンバラと呼ぶ)に生える草本の、トウダイグサ科のイワタイゲキも魚毒として使ったという。今のところ、イワタイゲキを魚毒として利用するという例は、与論島以外からは聞き取れていない。このように、魚毒からも、与論島が低島であることや、また、与論島固有の自然利用の文化があることが見えてくる。
　限られた種類の植物に、さまざまな利用用途を見出すという工夫が行われていたのも、自然資源が限られる低島の特徴であ

表 8-1　与論島におけるアダンに関する呼称

アダナシ	アダンの気根
アダナシジナ	アダン縄
アダナシビマイ	アダンの気根の繊維でなった小縄
アダニ	アダン
アダニヌチー	アダンの分果
アダニシブルー	アダンの群生地，アダン山より面積が狭い
アダニナーグ	アダンの若葉の芯
アダニブッカ	枯れ腐って，ぶかぶかになったアダンの幹
アダニママ	アダンの実
アダニママショーシ	アダンの実で作った酢の物
アダニ山	アダン山

り、与論島でもそのような工夫例を聞き取ることができた。実が食用にされるソテツは、与論島においては、より確実に結実させるために人工的な受粉が行われていたが、それだけでなく、葉を緑肥や燃料にするなど複合的に利用されていた[10]。同じく海岸によく見られるタコノキ科のアダンも複合的な利用が見られた植物の一つである。『与論方言辞典』をひもとくと、そのような利用に応じた形で、表8―1に見られるように、数多くのアダンに関する呼称があることがわかる[11]。

島を越えたつながり

鹿児島県最南端に位置する与論島は、沖縄県の島々に最も近接している島だといいかえることもできる。沖縄島と与論島との間は二三キロ。同じ奄美諸島の沖永良部島との間よりも、奄美大島と喜界島とを隔てる距離よりも、なお近い。

沖縄島と与論島が県をまたぐのは、薩摩藩の琉球侵攻により、与論島以北、奄美大島までの各島が、琉球王府から薩摩藩の所属へと変換されて以降の歴史を反映してのことだ。一方、与論島の人々と沖縄島北端の集落の人々は、所属する県の違いを越えて、舟を手立てとした行き来があった。与論島は境界の島なのだ。

与論島で、沖縄島との交流の一端を話に聞く。話者は一九二六年生まれのC・Kさんである。

「山原《ヤンバル》の奥とは、戦後まで材木とブタを交換しました。戦後までありました。子ウシとかブタの子とかをクリ舟で山原まで運んで[12]」

山のない与論島では、家を建てるための材木は、海を越えたヤンバルの奥集落から入手していた。

一方、激しい地上戦の行われた沖縄島では、戦争によって家畜が失われてしまったため、奥ではそれを与論島に求めた。奥と与論島の間の交易品は材木や家畜だけではなかった。与論島では石灰岩地でも旺盛な生育を見せるソテツが植えられ、実は食用、枯れた葉は燃料として重宝されていたが、そのソテツの実が与論島から奥に運ばれた。奥にもソテツはあったのだが、実の収穫時に毒蛇のハブの被害の心配がない与論島のほうが、ソテツの実が多く収穫されていたのだそうだ。Ｃ・Ｋさん自身、一度、小さな舟に乗ってヤンバルまで渡ったことがあったが、波に翻弄されて、岸につくまで大変だったとも言う。

この話から、資源の少ない低島が一方的に高島から資源を得ていたのではなく、互いに不足しあっている資源を交換するような形で、島々を結ぶ交流が行われていたことがわかる。

Ｃ・Ｋさんの話では、与論島の人々はヤンバルから材木を求めたとあるが、Ｃ・Ｋさんよりも、さらに以前、与論島の人々が、ほかの資源もヤンバルに頼っていたことについて書かれた文献がある。

「島には灯火用の燃料がなかった。木の枝、竹片を用いて漸く灯火とした。正月用に屠殺する豚の白肉から煎じた油をもって正月用の灯火に使用するだけで他に灯火の燃料を求めることが出来なかった。それで刳舟《クリフネ》を使って沖縄に航して、松の枯根株を掘り抜かしめ、これを小麦、豆、米などと物々交換して持ち帰りその松根を細かく裂いて灯火としていた[13]」

マツの根には油分が多く含まれている。石油が導入される以前、また菜種油などが得難い場合、細かく砕いたマツの根や、同じように油分の多い芯材を灯火用に用いることがあった。

島は海によって他の陸地と隔てられているが、また同時に、海によって他の陸地とつながっている。

島の生物文化多様性は、単一の島だけでなく、周囲の島々とのつながりも含めて考える必要がある。ヤンバルとの交流も含めて、与論島の生物文化多様性は成り立っている。

与論島の妖怪

森のない与論島では、妖怪のありさまも、森のある島と異ならざるを得ない。奄美大島や徳之島の代表的な妖怪はケンムンである。沖縄島のそれはキジムナー(地域によってはブナガヤーと呼んだりもする)だ。奄美大島と沖縄島に挟まれ、なおかつ沖縄島からそれほど離れていない与論島の代表的な妖怪は、イシャトゥという独自の名前で呼ばれる。

与論島の妖怪について検討した文献によれば、「与論島のムヌすなわち妖怪の中で、最も有名なものはイシャトゥである」とある。[14] イシャトゥには、また、ハタパキ・マンジャイ(片足の滑稽な者)という異名もある。なお、イシャトゥとは「磯者」の意味だともある。イシャトゥは、「形がない」「一本足である」などさまざまに表現され、また、出没するのは「海に限る」「よく出るのは田んぼ」など、これも話者によって違いがある。イシャトゥはアコウの木を好んで住むが、「木の神」ではなく、木は住処であるだけとも解釈されている。[15] 住処としてアコウを好むといった性質は、ケンムンやキジムナーとのつながりを思わせる。イシャトゥが魚の目玉が好きだという伝承も同様である。一方、イシャトゥが「木の神ではない」という点は、森のない与論島ならではの性質をもった妖怪であるといえるだろう。

イシャトゥについても、与論島で、一九五二年生まれの話者(M・Tさん)から、次のような話を聞いた。

「海にイシャトゥという妖怪がいます。片足でちょんちょん歩く。ただ、ウシク（アコウ）の根っこの中にでんでんむしの殻があると、これはイシャトゥの食べたあとと言っていました。夜のイザリに行くときはイシャトゥがついてくると言いました。うちの母なんかも言っていましたね」

イシャトゥもまた、キジムナーやケンムン同様、カタツムリを好む妖怪であったのだ。観光ガイドには出てこないが、イシャトゥもまた、与論島ならではの文化の一つの表れである。

与論島の妖怪談をもう一つ紹介する。

「（マサ男の）家の前にアコー（アコウ）の大木がしげっていた。マサ男のところに毎晩、男がつりにさそいにきた。彼は目玉のない魚をつっていたので、カッパだと思った。そこでつりに行っている間に、妻にアコーの木をもやさせた。カッパは家がもえてしまったので、「私は山原の奥に行くから奥の浜辺で青火（オオビンマチ）が見えたら、私と思え」と語って影のように消えました」[16]

カッパという妖怪の名は、与論島とヤマトのつながりを示すが、この話に登場する「カッパ」は、ヤマトに伝わるカッパというより、キジムナーやケンムンと同様の特徴をもっている。すなわち、もともとは与論島ならではの妖怪、イシャトゥの話ではなかったかと思う。しかし、この話で最も興味深いのは、住処を燃やされた「カッパ」が、ヤンバルに向かうことだ。与論島では、妖怪もまた、ヤンバルとのつながりを示しているのである。

与論島の生き物の謎

先に紹介した与論島の観光ガイドの中に、「多種多様な動植物が息づく豊かな自然」を紹介するページがあった。そこにはどのような動植物が紹介されているだろう。「与論島の主な動植物」として紹介されているのは「ガジュマル、デイゴ、アダン、ハイビスカス、オオゴマダラ、オカヤドカリ、シロチドリ、ウミガメ」である。与論島にもイシャトゥが好むように、カタツムリがいる。しかし、「主な動植物」とはされない。

もう少し別な方面から、与論島の生き物について見ていくことにしよう。例えば、与論島の両生類や爬虫類について見てみることにする。

与論島に生息する在来の両生類としては三種（ハロウェルアマガエル、リュウキュウカジカガエル、ヒメアマガエル）が知られている。また、在来の陸生爬虫類は六種（リュウキュウアオヘビ、アカマタ、オキナワキノボリトカゲ、オキナワトカゲ、アオカナヘビ、ミナミヤモリ）の記録がある。[17] これは、ヤンバルでは在来の両生類一〇種（ハロウェルアマガエル、リュウキュウカジカガエル、ヒメアマガエル、ヌマガエル、オキナワアオガエル、リュウキュウアカガエル、ハナサキガエル、オキナワイシカワガエル、ホルストガエル、ナミエガエル）が見られ、同じく陸生爬虫類の場合、ヘビだけに限っても七種（リュウキュウアオヘビ、アカマタ、ガラスヒバァ、アマミタカチホヘビ、ハブ、ヒメハブ、ハイ）が見られることからすると、いかにも種数が少ない。

与論島の両生類と爬虫類の種類が少ないのは、まず島の森林面積が少ない（〇・八八平方キロで、島の総面積の四・三％）ことに理由を見ることができる。しかし、それだけではないことが最近わかった。

それは、近世(江戸時代)以降のゴミ捨て場に含まれていた小動物の骨の分析をもとにしている。分析の結果、これらの小動物の骨の中に、現在、与論島で見られない両生類や爬虫類の骨が含まれていたのである。

現在見られない両生類や爬虫類としては、オキナワアオガエル、ガラスヒバァ、ヘリグロヒメトカゲ、オキナワヤモリ(と思われる種類)、トカゲモドキの一種の骨が見つかった。このうちトカゲモドキに関しては、沖縄島や徳之島など、現在、トカゲモドキ類が見られる島々の、それぞれのトカゲモドキの骨との比較が行われ、これまで知られていなかった種類であることがわかり、クロイワトカゲモドキ(図8−3)の与論島亜種、ヨロントカゲモドキと名付けられた[18]。

図8–3
クロイワトカゲモドキ

与論島でこれらの両生類、爬虫類が見られなくなった理由は、一九五三年にネズミ退治のために持ち込まれたニホンイタチの捕食による作用が大きいのではないかと考えられている。この研究成果を発表した中村泰之さんは、全島が石灰岩からなる与論島は、一度、全体が海中に没したと考えられていて、それからすると、この島の生き物については謎がある、と次のように書いている。

「島在来の陸生生物のうち渡海能力を持たないものは、島の陸地化後に近隣の島との陸地接続を通じて渡ってきたものと見なさざるを得ない。しかし、現在では近隣の島から四〇〇メートルを超える深さの海で隔てられているこの島が(しかも地質学的時間スケールでつい最近ともいえる中期更新世以降に)、どのようなイベントによって他の島と陸地で繋がることができたかについては何もわかっていない」

奄美諸島の中では与論島ほど「陸生生物相の起源に謎を秘めた島はないと言っていい」とも、中村さんは書いている。[19] そのような島から、在来生物が一つ失われることは、島の歴史の貴重な生き証人を、永遠に失うことにもなるのである……という指摘もなされている。

図 8-4 ヨロントカゲモドキが見つかったゴミ捨て場

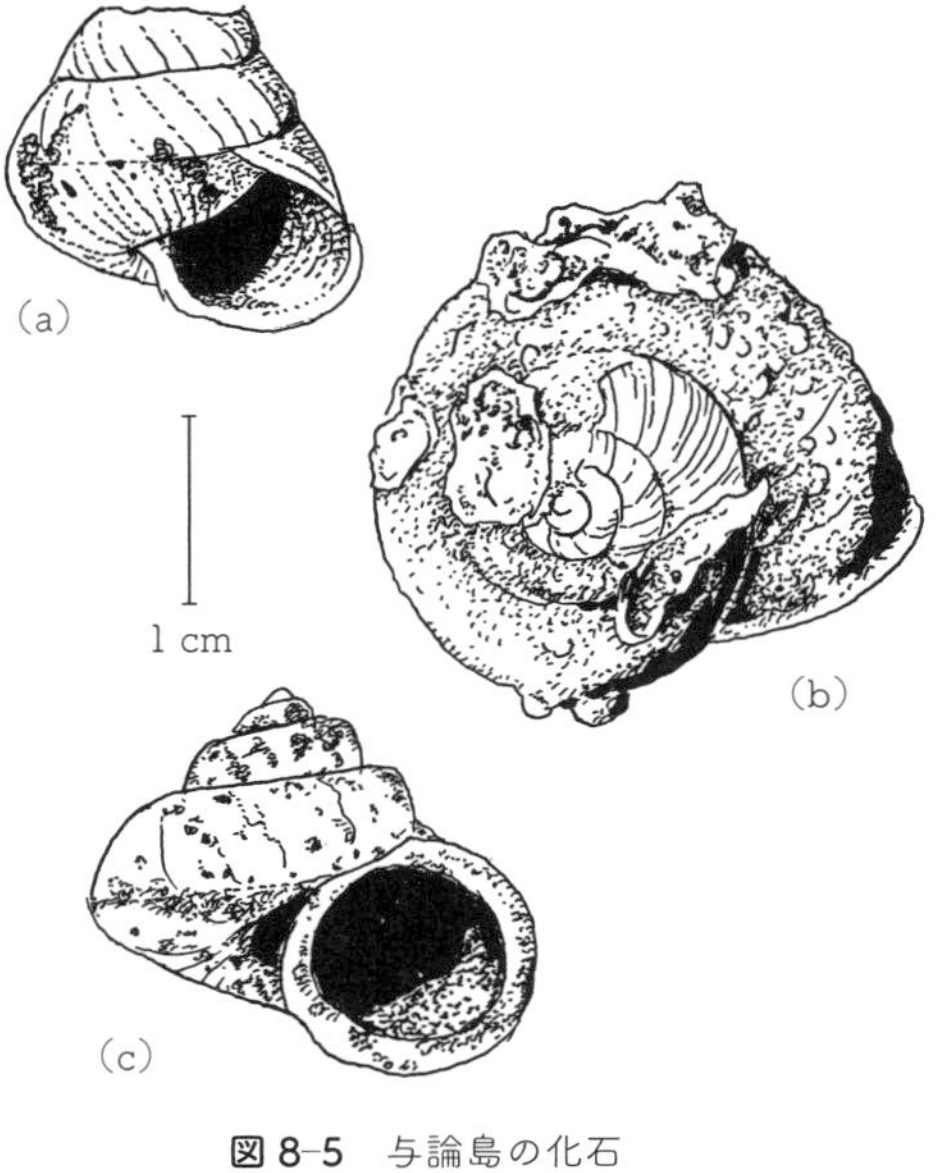

図 8-5 与論島の化石
(a)ヨロンヤマタカマイマイ(一部欠け),(b)シュリマイマイ,(c)ヤマタニシの一種

その貴重なヨロントカゲモドキが見つかったゴミ捨て場(図8–4)から、現在、絶滅種となっているヨロンヤマタカマイマイやヨロンジママイマイといった化石カタツムリの殻が見出された(図8–5)。

与論の名を冠するカタツムリ探し

与論島は低島にもかかわらず、天水を利用した田んぼは多く見られたと聞く。一九七三年に製糖工場ができ、田んぼからサトウキビ畑へ一気に転作が進んだとも聞いた。田んぼのあった当時は、タニシやドジョウも普通に見られたという。島の人に、その田んぼのあった場所を案内してもらう。今、与論島を訪れても、目にするのはサトウキビ畑ばかりだ。人々の間をめぐり、昔の話を聞く合間に、与論の名を冠するヨロンヤマタカマイマイや、ヨロンジママイマイの化石を見つけられないかと思う。

一九九〇年に発表された、ヨロンヤマタカマイマイやヨロンジママイマイを報告している論文を読んでみる。著者の東良雄らは化石層から三五種ものカタツムリを見出している。そのうち、与論島で現生が見られなかったものとして、ケシガイ、オキナワギセル、オキノエラブギセル、オオカサマイマイ、ナガヤマツボ、クンチャンマイマイと、ヨロンヤマタカマイマイ、ヨロンジママイマイが見つかったとある。この論文で、ヨロンヤマタカマイマイは新種記載され、ヨロンジママイマイは、沖永良部島にいるエラブマイマイという現生種の亜種にあたるものとして記載されている。[20] エラブマイマイ(すなわちヨロンジママイマイも)は、大東諸島に見られたアツマイマイの仲間である。

中村泰之さんから、絶滅している両生類、爬虫類の骨やカタツムリの殻を見つけたというゴミ捨て場の場所を教えてもらい、訪れてみた。ゴミ捨て場となっていたのは、三〜四メートルほどの石灰岩の崖の下だ。周囲はサトウキビ畑である。崖の根元が一部えぐれ、周囲の土を見ると、カタツムリの殻や骨のかけららしきものが落ちている。土をほじくると、白くさらされたシュリマイマイが出てくる。崖の続きを見ると、藪の中へとつづいている。そこで、藪の中に入って、オーバーハング（傾斜が垂直以上に張り出した状態）した崖の下でも、何か探し出せないかと覗き込んでみる。骨がある。しかし、大きい。人骨である。風葬墓だ。やむなく、ひきかえす。周囲の崖でも探してみるが、カタツムリの化石が入っているような割れ目や窪みは見あたらなかった。

その後、カタツムリ料理を一緒に再現した当山昌直さんらと、人々の自然利用に関するシンポジウム（二〇一八年開催の「ユンヌの生物文化をかえりみる」）のため、再度、与論島に行く機会があった。シンポジウムを終えて、島のあちこちを皆で回っているときに、思いもかけず、いくつかの場所でカタツムリの化石を見つけることができた。それらは、シュリマイマイとヤマタニシの化石であった。また、沖縄に戻る日に、時間があったので空港近くの石灰岩の崖を調べてみたら、ようやく、絶滅種のヨロンヤマタカマイマイの化石を見つけることができた。

シンポジウムの際に、思いもかけずに化石カタツムリを見つけることができたため、数か月後、化石カタツムリ調査のためだけに、もう一度与論島を訪れることにする。

那覇空港から与論島へ、今度は飛行機を使って飛ぶ。与論島空港からレンタカー会社に向かう途中も、きょろきょろと周囲を見渡すのに余念がない。と、気になるものが目に入った。沖縄復帰以前、与論島が最南端の島として人気のあったころに建てられたものだろう、大きな観光ホテルが廃墟と化している。そのわきに、砂丘の断面のようなものが見えたのである。レンタカーを借りると、さっそくその場所へ。砂の層の最上部は腐植を含んでいて、現代のもののようだ。その下にぽつぽつとカタツムリの入っている層がある。パンダナマイマイが見つかる。それに混じって、細長いカタツムリの殻がある。キセルガイ(図8-6)だ。現在、与論島には、こうした大型のキセルガイは生息していない。つまり、化石だ。シュリマイマイらしきものの壊れた殻や、キカイキセルモドキも見つかる。ヨロンヤマタカマイマイらしきものも一つあったのだが、拾いあげたらバラバラになってしまった。こうした露頭はしばらくすると建築物などが建って、跡形もなくなってしまうかもしれない。化石探しにやってきて、幸先のよいスタートを切ることができた。

ヨロンジママイマイを見つけたい。琴平神社のある崖の斜面周辺はどうだろうか。車を停め、道を歩く。ガジュマルの気根のたれた一角が目にとまる。奥に窪みがある。こういうところは風葬墓になっていそうだ、と恐る恐る覗き込む。人骨はない。カタツムリもない。その先には洞穴がある。しかし入口がふさがれている。これはどうやら墓のようだ。こうしたことを繰り返すうちに、夕方になってしまう。弁当を買ってきて夕飯とする。ネットで、与論島の化石カタツムリの資料を読み返す。どうやら、ヨロンジマママイマイが見つかった場所と、この日の探索の場所は、ずれていたようだ。

二日目。雨。風も強い。

ヨロンジマママイマイの化石が見つかったと報告されている地区を歩き回る。家と畑ばかりが広がる一帯だ。雨にぬれながら歩き回るうちに、それらしいところへたどり着く。

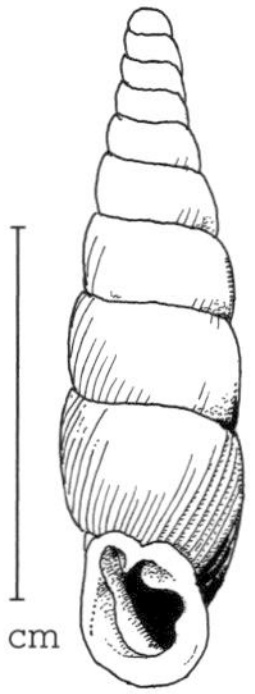
1 cm

図8-6 与論島の化石のキセルガイ類

畑のわきに残る、こんもりした丘である。石灰岩の露頭だ。しかし、化石が含まれているような石灰岩の割れ目がない。

午後も雨が続いた。さらに崖を見ていく。見つかるのは、人が食べて捨てたハリセンボンやブダイの骨が入っている割れ目ばかりである。暗くなるまで続けたが、ヨロンジママイマイは見つけることができなかった。

最終日。もう一度、斜面林を見て歩く。一歩入ると、石灰岩にハマイヌビワがしがみつくように生えていて、まるでジャングルジムのようになっている。ようやく、白く光る崖を見つけ近寄る。その一角に、石灰岩の裂け目が見える。崖を二メートルほど登ると、そこからスリットが深く落ち込んでいる。裂け目に引っかかった石灰岩の石の上に一個、シュリマイマイが貼りついている。その道をはさんだ林へ。今度は崖に奥行三メートルほどの横穴があるのがわかる。ライトを照らすと、縫合線のぎざぎざがある平たい骨が目に入った。人の頭蓋骨のかけらだ。ほかには割れたアフリカマイマイの殻がいくつもある。その中に、一つ二つ、石灰のこびりついた古いシュリマイマイの殻も転がっていた。ただし、ヨロンジママイマイの姿はなかった。

小さな島なのに、探し物が見つからないときは、はてしなく広く感じてしまう。

茶花のビーチに「よろん小唄」の歌詞を紹介しているパネルがある。

木の葉みたいな我が与論
何の楽しみ無いところ

好きな貴方がおればこそ
　いやな与論も好となる

少しの合間に立ち寄った図書館で、今度は『与論町誌』をひもとく。冒頭に歌が紹介されている。

与論《ゆんぬ》ちゅる島や　小《い》にくさやあしが〔小さな与論島だが〕
鍋《なび》ぬ底中《すくなか》に　五穀《ぐく》ぬたまる〔鍋の底には五穀がたまる〕

いずれの歌も、島人の本心なのではないだろうか。島の人の思いにも、両義性がある。

化石カタツムリの意味

二泊三日の探索で、与論島の名前を冠するヨロンジママイマイは見つけられなかった。代わりに見つかったシュリマイマイやヤマタニシは、沖縄島でごく普通に見つかる種類のカタツムリであったため、これらの化石が「珍しい」とは思ってもいなかった。

与論島のシュリマイマイの特異性について示唆してくれたのは、千葉県立中央博物館の黒住さんである。黒住さんに、与論島の化石カタツムリのサンプルを送り、見てもらう。

「シュリマイマイというのが同定結果です。ただ、不思議なことに与論島のシュリマイマイは絶滅したらしく、現生は棲息していないと思います。もしかすると移入群が定着しているかもしれませんが。三〇年前に与論の人家裏の洞窟で、山のようなシュリマイマイの堆積を見ました。シュリマイマイの絶滅は、ヨロントカゲモドキ同様、近世以降の大変革の結果だったように考えています」

このような返信をもらった。

黒住さんは自身で与論島のカタツムリ相の調査を行い、その結果を発表しているが、一九八〇年代に発表されたこの論文には、シュリマイマイは「与論島に現在ほとんど棲息しない」ということが書かれている。[21] また、その後、二〇〇〇年代に入り、シュリマイマイがいなかったはずの与論島で、シュリマイマイが見つかったという報告もなされている。[22]

つまり、与論島ではシュリマイマイは、次のような経過をたどっている。過去には分布していた。その後、ヨロントカゲモドキと同じように絶滅する。一九七八年(湊宏による)、一九八三年(黒住耐二による)の調査では発見されず。二〇〇五年の調査(亀田勇一による)で、新たに移入されたシュリマイマイの生息が確認される。

シュリマイマイがあたりまえなのは、あくまで沖縄島を基準にしての話だ。シュリマイマイが絶滅してしまう島もあるのだ。

同様に、与論島で見つけたヤマタニシの化石が「珍しい」ことを指摘してくれたのは、東北大学(当時)の平野尚浩さんだ。平野さんによると、与論島のヤマタニシも、シュリマイマイと同様の経緯があるようだ。つまり、もともとはヤマタニシが生息していた(化石で見つかるもの)。ところが、その後、ヤマタニシは絶滅した。さらに近年になって、沖縄島からヤマタニシが移入、定着した。

沖縄島では、都市部にある沖縄大学の構内ですら、普通にヤマタニシの仲間を見ることができる。

それからすると、ヤマタニシの仲間は人為的な環境改変に強く、容易に絶滅しないカタツムリのように思えてしまう。しかし、これもまた、沖縄島のヤマタニシを基準にしてのことである。与論島の場合、なぜかヤマタニシは絶滅してしまった。その理由は、はっきりとはわかっていない。また、その後、交流が盛んだったにもかかわらず、近年まで沖縄島から与論島にヤマタニシが移入されることもなかった。

私の発見のあと、平野さんらも与論島におもむき、ヤマタニシの化石を採集し、近年のヤマタニシの移入・定着の話題も合わせて報告している。その内容を、以下に一部、引用する。

「ヤマタニシ属はアジア地域に広く分布し、日本においては琉球列島で種多様化が見られる陸棲の腹足類である。また、宝島・喜界島・沖縄島・宮古島では化石種も産出する。（中略）一方で、同様に琉球石灰岩等から構成される与論島・沖永良部島といった島は、周囲の島々で現生種・化石種が記録されているにも関わらず、ヤマタニシ属の分布の空白地帯となっている。近年、沖永良部島にて外来と考えられるヤマタニシ属の侵入が確認された。与論島では現在までにヤマタニシ属の現生種もしくは化石種そのどちらの産出記録もなかった」

そのヤマタニシが、与論島の四か所から化石として見つかった。

「今回産出したヤマタニシ属の化石種は、現生種（移入種）と殻の大きさ・形態が異なっていた。本化石種は沖縄島から産出する一部の化石種および喜界島の化石種に比較的類似した形態を示すが、形態のみの情報であり、ここではヤマタニシ属の一種 *Cyclophorus* sp. として扱う[23]」

ヤマタニシの仲間は、殻の形態だけでは分類が難しい。最近、ＤＮＡの解析によって、琉球列島の現生のヤマタニシについての系統関係が明らかになりつつある。平野さんから論文のＰＤＦを送ってもらい、このＤＮＡを使ったヤマタニシ類の研究の成果について、最近の動向を知ることができた[24]。それによると、ヤマタニシ類は東〜東南アジアで多くの種類が見られるカタツムリだ。ヤマタニシ類の遺伝子には、全部で五つのクレード（まとまり）が見られる。日本産のヤマタニシは、すべて一つのクレードの中にまとまっていた。

日本産のヤマタニシはさらに、いくつかのサブクレードに分かれる。これらのサブクレードは、大きく南と北の二つに分かれる。南は琉球列島に分布するヤマタニシ類、北は主に日本本土から、屋久島周辺の島々にかけて分布しているヤマタニシ類だ。南に含まれるサブクレードは、沖縄島北部、奄美・徳之島、喜界島、伊平屋島、西表・石垣島、沖縄島と周辺離島・宮古島の六つのサブクレードからなる。

つまり、喜界島のヤマタニシは、隣の奄美大島とは異なる種類のヤマタニシであることがはっきりしたというわけだ。また、沖縄島には異なる種として扱うべきヤマタニシが二種いることになるが、そのうちの一種は、距離的に離れた宮古島のヤマタニシと同種という結果になった。

そして、化石として見つかった与論島のヤマタニシは、前記のサブクレードの中に、どのように位置づけられるのだろう。与論島は、距離的には沖縄島に一番近い。一方、与論島のカタツムリの中で、固有の絶滅種とされるヨロンジママイマイは、沖永良部島で現生種が見られるエラブマイマイの亜種とされ、沖縄島よりも、より北の島々との関係が深かった可能性もある。はたして与論島のヤマタニシがどのようなクレードに含まれるのかは、ＤＮＡの得られない化石しか見つけることのできなくなった今となってはわからない。

与論島のカタツムリ利用

与論島の両生類、爬虫類には謎がある。与論島のカタツムリにもまた、さまざまに謎が潜んでいる。人々や妖怪は海を越え、ヤンバルとのつながりがあった。カタツムリは海を越えて、ハワイのような海洋島にも広がっていくことができる。ところが、隣接するにもかかわらず、与論島と沖縄島では、カタツムリ相に大きな違いがある。カタツムリは海を長距離、渡ることもできるが、一方で短距離に見える海を渡っていないこともある。沖縄島と与論島のカタツムリたちの間に、どのようなつながりや断絶があるのか、まだわからないことが多い。

与論島のカタツムリ利用についても話を聞いてみる。

沖縄島では中南部を中心に、カタツムリ食が見られた。しかし、沖縄島とごく近接している与論島では、カタツムリ食を行っていないということだった。資源の限られる低島であり、かつ石灰岩地でカタツムリが多く見られることからすると、これは不思議な気がする。

一方で与論島でも、かつてアフリカマイマイを食用として利用していたという話を聞いた。

「与論ではカタツムリは食べません。ただ、アフリカマイマイは、しばらく食べていました。台湾では薬になるというらしいですね。与論ではヤンバルチンヤンと呼んでいました。炊いてから、海でもんでヌメリを取って、そのあと油で揚げててんぷらみたいにして食べました。そうすると海の貝みたいな味がしましたよ」（一九二八年生まれ、Ｙ・Ｋさん）

図 8–7　与論島の古砂丘中の化石カタツムリ

「アフリカマイマイは、好奇心旺盛な父と集めてさばき、油で炒めて醤油と砂糖で味付けして食べた。意外に豚肉の赤身のような歯ごたえがした」(一九七〇年生まれ、K・Mさん)

与論島のカタツムリ利用には、このように、沖縄と共通する点と共通しない点がともに見られる。

カタツムリの殻同士を突き合わせる遊びは、チンニャンオーシと呼び、沖縄同様、行っていたという。与論民俗村の村長をされているH・Kさんに、チンニャンオーシの話を聞いてみる。

「やったような気もするけど。その遊び、つまらないから、あまりやらなかったんじゃないかな」

与論島でチンニャンオーシと呼ぶことを最初に教えてくれたのは、与論島生まれの町健次郎さんだ。一九七〇年生まれの町さんの話からすると、子ども時代、周囲では人気の遊びだった印象を受けた。しかし、遊びというのは、どうやら個人によって、受け止め方が違うもののようだ。

写真展の会場で出会った、N・Mさんからも、チンニャンオーシについて話を聞いてみた。

「やってました。死んだカタツムリを使うんですよ」

久しぶりに、この遊びのことを思い出した、と笑みを浮かべて話をしてくれたのだが、思いもかけぬ話につながった。

「港近くの砂丘の中にカタツムリがあるって、同級生に誘われて拾いに行きました。小学校四年生のころかな。砂の中に、まとまって、殻がありましたよ」

なんと、古砂丘の化石カタツムリでチンニャンオーシをしていたという。

一九四八年生まれで、郷土研究会の会長をされているＳ・Ｆさんからも話を聞くと、チンニャンオーシを知らないということだった。遊びについての記憶は、やはり個人差が大きい。ただ、「岩とか木の下にカタツムリの殻がたくさん落ちていたら、それはイシャトゥの食べ残しだという話があります」と、カタツムリと妖怪とのつながりについての話をしてくれた。そしてＳ・Ｆさんの話にも「茶花の観光ホテルの近くに、カタツムリの丘というのがあるそうです」と、化石カタツムリが出土する古砂丘が登場した（図８－７）。

さらにＳ・Ｆさんは、先日、生物の研究者が調査に入った洞窟に、カタツムリの堆積層があったとも教えてくれた。カタツムリの堆積層ということは、古い時代のものだろうか。ひょっとするとヨロンジママイマイも含まれてはいまいか？

生き物の探索が生物文化の話に結びつき、生物文化の聞き取りが生き物への気づきへつながっていく。そうやって少しずつ、島々の生物文化多様性の実態が見えてくる。ただ、たとえ小さな島といえども、生物文化多様性の奥は深い、その全容を明らかにするのは容易ではない。

またあらためて、島々に足を向けなければと思う。

おわりに

まとめ

本書に書いてきたことを、ここで振り返ってみたい。

カタツムリは、命名、子どもの遊び、食、害、呪術との関わりなど、多様な人々との関係性がある生き物である。本書では、特にその関係史を、琉球列島の島々に追った。

自然史の方面から見れば、移動力の小さなカタツムリは地域ごとに種類が異なっている。例えば多数の島からなる琉球列島においては、島ごとにといっていいほど、多様な種類のカタツムリが見られるわけである。これはむろん、海による地理的な隔離がその要因になっている。また、地質と関わり、見られる個体数にも大きな違いがある。

一方、文化史の方面、つまり、カタツムリと人との関わりを見た場合、例えばカタツムリ食の分布は、沖縄島以南（カタツムリ食について聞き取れる）と与論島以北（カタツムリ食について聞き取れない）で異なる。この断絶は地理的な隔離のせいではなく、歴史的な出来事によるものだろうと考えられる。

地理的な要因と、歴史的な要因が重なり合う形で、琉球列島のカタツムリと人との関わりは多様な様相を見せる。黒島において、カタツムリには害虫と食用という二重性があると、人々にとらえられてきた。カタツムリの食利用は代替可能であったため、時代とともに急速に忘れ去られる運命にもある。害虫としてのカタツムリはまた、駆除という場面において、人間の居住世界と異世界という二重の世界に存在するものと考えられていたという側面がある。

このようなカタツムリの多重性の典型例をアフリカマイマイに見ることができる。アフリカマイマイは、時代によって「換金性のある飼育動物」「重要な食糧源」「害虫」「抽象性を伴う嫌われ者」「駆除目的として導入された移入生物による環境改変の要因」と、さまざまに姿を変えてきた。すなわち、アフリカマイマイのこれらの姿は、その時代の人々の姿の投影ともいえる。

琉球列島は地理的に見れば、日本本土の南端部に位置する九州の沖合から、台湾にかけて連なる島々である。しかし、カタツムリと人との関係史をひもといていくと、琉球列島は日本の辺境としての位置づけには収まらない。むろん、隣接する地域とのつながりはありつつも、その地に固有の自然と文化の存在が、強く意識される地域だということがわかる。以上のことを明らかにするための、より具体的、個別的な事例として、大東諸島と、与論島について、章をあらためて紹介した。

大東諸島は、海洋島という、主だった琉球列島の島々とは異なる地理的条件にある。そのため、島に見られるカタツムリは際立って個性的である。また、大東諸島は、その地理的条件ゆえに長い間無人島であった。その大東諸島に人々が移住してのち、島の自然は大きな改変を受けることになる。それは、一般にはあまり注目されることのないカタツムリにおいて、より顕著な現象となって表れている。

与論島は、生物多様性という面から見た場合、高島に比べれば限られた種類数の生物相しか見られない低島に区分される。しかし、往時の人々は、その限られた自然資源を持続的に利用してきた歴史がある。地球資源の有限性が強く意識されるようになった現在、過去における低島の自然利用の実態、すなわち生物文化多様性の解明は、今の私たちの自然との関わり方を見つめ直し、今後の自然との関わり方を考える上でのヒントになるのではないかと考える。とはいえ、与論島の自然や文化は、「だれか」や「なにか」の「ため」に存在するわけではない。

どこに住んでいようと、そこはだれかにとっての辺境ではありえない。いや、たとえ辺境であると位置づけられたとしても、それは同時に、私たちにとっては中心である。ものごとには、そのような二重性があることを絶えず意識する必要があるように思う。

第二次世界大戦において、沖縄は日本本土の防波堤として位置づけられ、激烈な地上戦が繰り広げられるとともに、多くの県民が犠牲になった。ものごとを一義的に見たときに、どこかでこぼれ落ち、犠牲になるものが生じる。

例えば、フォロワー数という計測可能な数値が発言内容の有効性に直結してしまうような風潮は、ものごとの単純化と、それによる序列化が、より進行していく現代社会を象徴している。そのような中、時に立ち止まり、どんなものごとにも多重の意味があるということに気づくことの重要性を、カタツムリと人との関わりから見てとれる。

理科系のミンゾク学

島々をめぐって、人々の話を聞く。島々をめぐって、石灰岩の割れ目から、化石のカタツムリをさぐりだす。そのようなことを交互に続けてきた。そうしたアプローチで見えてきたことがある。

島々をめぐり、人々と自然の関わりの記憶を記録するという作業は、本文中に登場した当山昌直さんや渡久地健さんのほかに、山口県立大学名誉教授の安渓遊地さんらとの共同研究の中で行ってきた。その成果の一つとして、二〇一二年に、名護市にある名桜大学においてソテツサミットなる催しが開催された。沖縄・奄美では、「ソテツ地獄」なる言葉を耳にすることがあるということを、先に紹介した。しかし、実際に島の方々の話を聞いて回った私たちは、「ソテツ地獄ではない。ソテツは恩人だ」という声に出会うことになる。貧困や飢餓という極限状態にあったときも、ソテツがあったからこそ生きながらえることができたのだと。それには、毒のあるソテツを食べるためのさまざまな知恵が伴っていたのだと。その「ソテツは恩人」という言葉に出会い、ソテツに対しての一般のイメージを転換させるべく開催が試みられたのが、ソテツサミットだった。そして、このソテツサミットの開催をきっかけにして、『ソテツをみなおす――奄美・沖縄の蘇鉄文化誌』という本も出版されることとなった。[1]

さまざまなことどもには多重の意味が伴い、それを明らかにするためには複合的な視点が必要とされる。

『ソテツをみなおす』の「あとがき」の中に、執筆者一同によって、この本に書かれた内容は「理科系のミンゾク学(略してリカミン)」という立ち位置で発信を行いたいという宣言がなされている。「理科系のミンゾク学」とは、生物多様性と文化多様性のつながりをさぐる試み、すなわち生物文化多様性をさぐるための試みだ。

境界線にたたずみ、その向こうの世界に目を凝らす。「理科系のミンゾク学」という立ち位置は、

「あわい」の世界の学問であると、私には思える。

アフリカマイマイはおいしいか？

ここまでカタツムリと人との関わりを追いかけてきて、ようやくアフリカマイマイを食べてみようと思い立つ。それまでも、ちらりとそうした考えが浮かんだことはあったのだが、なかなか実際には手が出せなかった。

大学の理科室の裏につくっている、狭い畑に足を向ける。そもそもアフリカマイマイは衛生的とはいえないが、調理をするのなら、せめて畑の周りにいるものにしようと思ったのだ。案の定、あっさりアフリカマイマイが見つかる。殻長八センチとほどほどの大きさだ。

まずは、下処理。使い捨てのビニール手袋をはめた手で殻をつかみ、鍋に入れゆでる。湯が沸くにつれ、アフリカマイマイの身が縮まっていく。十分に加熱して寄生虫に感染する危険を避けたい。しばらくゆでると、湯はやや茶色がかる。

そろそろいいだろうと、お湯を捨て、ゆだったアフリカマイマイを水に入れて冷やした。冷えたところで、アフリカマイマイの足裏にピンセットを突き刺して殻から身を抜く。ずるずると、簡単に黒い色をした内臓が引き出される（図9−1）。ピンセットを使って、足から内臓部をちぎり、捨てる。残った足を、鍋の水を替え、またゆでることにする。

ここからは調理だ。ピンセットを箸に持ち替える。とにかく、足を念入りにゆでる。足はさらに縮んでしまう。まあまあの大きさのアフリカマイマイだったので、一匹あれば食べるのに十分だと思っ

図9-1　身を取り出したアフリカマイマイ

たのだけれど、殻や内臓を取り除き、さらにゆでて縮んだ足だけになると、あまり食べるところがないかも、と心配になってしまう。

足の表面にはぬめりがある。箸で足を取り出し、塩を入れたカップに入れて少し揉み、水洗いをしてぬめりを取る。まな板の上に乗せる気がしなかったので、使い捨てができるように紙皿の上にゆであがった足を乗せ、包丁でスライスする。可食分として残ったものの重さをはかったら、わずか一一・五グラムだった。

スライスした足の見た目は、干し椎茸や干しナマコを戻してスライスしたような感じだ。さて、仕上げである。ここで近所のスーパーに行き、ココナツミルクの缶詰を買ってきた。アフリカマイマイの調理をするなら、横井庄一にならい、ココナツミルク煮にすると決めていたからだ。ココナツミルク少々に水、そして塩をほんの少し入れて加熱する。足のスライスは、さらに縮む。汁が煮詰まったところで火を止める。箸でつまんで口へ。まったく抵抗感がなかったといえば嘘になる。味はココナツミルクの味。つまり、足自体には味を感じない。薄くスライスしたこともあり、歯ごたえはあるが、ゴムほどひどくはない。ちゃんとかみ切れる。見た目もそうだが、干しナマコを戻して調理したものを連想させる(ナマコよりは固い)。おいしいとはいえないが、ひどくまずいわけでもない。ただし、一食分のおかずにするには、何匹のアフリカマイマイを調理しなければならないだろうかと思う。二切れめを口にしたところで、残りのものは土に埋めた。

アフリカマイマイをおいしかったと語るうとぅすいの方がいる。それは、そう感じざるを得ない状況があっての味の記憶だ。あらためて、そのことの意味を思う。

あとがき

この本を書く二〇年ほど前のこと。沖縄に移住したばかりの私は、糸満市の国吉ガーと呼ばれる湧水地で、麦わら帽子をかぶった一人の白いひげのおじいさんに声をかけられた。

「ここは激戦地で、全滅した家が多いよ。袋のネズミだったからね」

おだやかな顔をしたおじいさんは、湧水地で湿地生の虫を探していた私に、そんなことを語り出した。糸満市は沖縄戦の最終局面で、住民をも巻き込んだ激戦が繰り広げられた地域だ。

「ここは昔からの水飲み場だよ。そこにシーリバー(セリ)が生えているよ。これと、豆腐を砕いて、ピーナツと一緒にして食べたら、自然の最高のもの。戦後の人にはわからんはず。今は自然が変わってしまったよ。だいたい消費者が悪い。虫が食わないものを人間が食べている。今、いなくなってしまったの、カエル、メダカ、ターイユ(フナ)……。ターイユも、昔は捕って食べたよ。水草も変わった。今はチョウチョもトンボも全然いなくなった。水自体が毒だから。今はイナゴも全然いないよ。スズメもいなくなった。これはスズメの食べ物の、アワ、ムギをつくらなくなったから。カタツムリも変わった。カタツムリは雨降ると出てくる。ザルにイモを入れて、そこに入れておく。蓋をして二日ぐらいして、よだれが出てくるから洗って、それを炊いてウコンを入れて。田んぼにもミナ(巻貝)がいて。あれなんか採ってきておつゆに入れたが。これもウコンを入れて」

おじいさんは、問わず語りのように、このような話をしてくれた。人々の語りに耳を傾けていると、こうしてぽつり、ぽつりと、話の中にカタツムリが姿を現す。

今、このおじいさんは、もう、この世にはおられないだろう。

カタツムリについて語ってくださった話者の一人から本が届く。『終わりなき〈いくさ〉——沖縄戦を心に刻む』[1]。新聞記者の藤原健が紙上に掲載してきた、沖縄戦に関するコラムをまとめた本だ。送ってくれた話者も、藤原に取材され、体験談を語っている。

本の一節に目が止まる。

「沖縄戦から戦後の「いま」に至るまで、沖縄は日本本土を防衛する盾にされ続けている。終わりなき〈いくさ〉の影が沖縄から消えることはない。その主因は、沖縄を「地政学」の観点から語り、「領土」としてしか見ようとしない目だ。約一四五万人が暮らす沖縄の歴史や文化、習俗、風土に対する無知、無視、無関心が招いたものは蔑視である」


世の中はいやおうなく変わってゆく。それは、やむを得ないことだ。

その中で、あまり注目を向けられることなく、それまであたりまえであったことが、消えていく。そうしたことへの危機感のようなものが、本書を書く直接の動機となった。それでも、受けつがれていくものもある。

私の所属する学科の学生は、卒業後、小学校の教員になる者が多い。ある日、私のゼミに所属していたHという卒業生が、私のところへ教材を借りにやってきた。教科書通りの授業をしようと思えば十分できるが、それだけで満足せず、ひと工夫しようと考え、教材を借りようとする姿勢に嬉しくなる。私は授業の中で、できるだけ実物標本などを示すようにしている。そうした授業スタイルをHはまねしようとしてくれているのだ。

彼が借りにきたのは、土に関する授業のための教材。沖縄島各地の土や砂のサンプルだった。

「実物があると、子どもたちの反応が違うね」とHが言う。そして、土が違うと作物も異なるという話から、沖縄の伝統産業の芭蕉布についても、授業で紹介しようとHは考えたのだという。かつて庶民の衣服に使われていた芭蕉布は、今は伝統工芸品扱いとなっている。ヤンバルの大宜味村喜如嘉が、芭蕉布の製法を今に伝える地だ。その喜如嘉にある芭蕉布会館に行ったら、芭蕉布の着物が一着数百万円と言われて、Hは驚いてしまったと笑った。

「で、家に戻って話をしてみたら、ひいおじいの芭蕉布の着物があるって言われて。上等のじゃないから、がさがさーしているけどって。ひいおじい、戦争中、防衛隊にとられたんだけど、ひいおじいが戦争から帰ってきたときのためにって、家族がこの着物だけ持ってヤンバルに逃げたんだけど、結局、ひいおじい、帰ってこなかった。このときおじいは、まだ小学校六年だったんだよね。で、小学校の卒業式にも出ることができなくて、父親が亡くなったからずっと働いて。弟たちはおじいが働いたから大学まで行って教員をしているけど、おじいは、あいつらはアシバー（遊び人）と言っているわけ。でも、俺には、おじいはハルサー（農民）にはなるなよって、何回も言うわけ。昔の人はすごいね。うちには爆弾鍋（火薬を抜いたあとの爆弾を切ってつくった鍋）もあるよ。戦車からオイル抜いて、てんぷらをつくったとかいう話も聞いたし。そのとき、シークヮーサーの葉を入れると消毒になるって。

でも食べすぎるとお腹壊すって。アフリカマイマイも昔はそこらにいなくて、わざわざ、遠く離れた王城まで採りに行ったって。アフリカマイマイ、カンカンで育てて、大きくして食べたよって。畑のネズミも食べたよって」

Hには、こうした話が受けつがれていた。

結局、私のほうこそ、Hのまねごとをしているのかもしれない。それでも、残し、伝えられることが少しでもあることを願い、本書の執筆を試みた。

岩波書店の編集者、猿山直美さんにさまざまなアドバイスをいただき、このような形にすることができた。また、何より文中に紹介した、さまざまな話を聞かせてくださった話者の方々に感謝をささげ、ここで、筆をおきたいと思う。

二〇二三年四月一二日

盛口 満

盛口 満

1962年，千葉県生まれ．通称「ゲッチョ」．千葉大学理学部生物学科卒業．自由の森学園中学校・高等学校理科教員，NPO法人珊瑚舎スコーレの講師，沖縄大学学長を経て，現在，沖縄大学人文学部教授．
著書に『ものが語る教室』『ゲッチョ先生と行く 沖縄自然探検』『めんそーれ！化学』(岩波書店)，『沖縄のいきもの』(中公新書)，『僕らが死体を拾うわけ』(ちくま文庫)，『生き物の描き方』『琉球列島の里山誌』(東京大学出版会)，『生き物をうさがみそーれー』『天空のアリ植物』(八坂書房)，『ぼくのコレクション』(福音館書店)，『ひろった・あつめたぼくのドングリ図鑑』『くらべた・しらべたひみつのゴキブリ図鑑』(岩崎書店)，『集めてわかるぬけがらのなぞ』『食べて始まる食卓のホネ探検』(少年写真新聞社)ほか多数．

マイマイは美味いのか――人とカタツムリの関係史

2023年6月14日　第1刷発行

著　者　盛《もり》口《ぐち》 満《みつる》

発行者　坂本政謙

発行所　株式会社 岩波書店
〒101-8002 東京都千代田区一ツ橋 2-5-5
電話案内 03-5210-4000
https://www.iwanami.co.jp/

印刷・理想社　カバー・半七印刷　製本・松岳社

ISBN 978-4-00-006025-7　Printed in Japan

文献注

はじめに

1 柴田宵曲編，2008『奇談異聞辞典』ちくま学芸文庫

第 1 章

1 山口誠，2007『グアムと日本人』岩波新書

2 朝日新聞特派記者団，1972『グアムに生きた 28 年』朝日新聞社

3 横井庄一，2012『復刻版 横井庄一のサバイバル極意書』BE-PAL，2012 年 10 月号別冊付録，小学館

4 横井庄一，1974『明日への道——全報告グアム島孤独の 28 年』文藝春秋

5 Fiedler G. C., 2019, Guam land snail ID booklet, University of Guam

6 小野蘭山，1991『本草綱目啓蒙 3』平凡社

7 山田孝子，1994『アイヌの世界観』講談社

8 盛口満，1998『ぼくらの昆虫記』講談社現代新書

9 寺島良安，嶋田勇雄ほか訳注，1987『和漢三才図会 7』平凡社

10 https://rmda.kulib.kyoto-u.ac.jp/item/rb00005187#?c=0&m=0&s=0&cv=0&r=0&xywh=-5214%2C-240%2C16906%2C4800

11 柳田國男，1990『柳田國男全集 19』ちくま文庫

12 盛口満，2010『ゲッチョ先生のナメクジ探検記』木魂社

13 沖縄県教育庁文化財課史料編集班編，2015『沖縄県史 各論編 第 1 巻 自然環境』沖縄県教育委員会

14 松田春菜ほか，2014「大学生にみる身近な生き物の認知度——カタツムリを描けますか？」大学教育研究ジャーナル，11

15 佐々木猛智，2010『貝類学』東京大学出版会

16 武田晋一写真，西浩孝解説，2015『カタツムリハンドブック』文一総合出版

17 黒住耐二，1997「孤島のミラクル」，奥谷喬司編『貝のミラクル』所収，東海大学出版会

18 大垣内宏，1997『カタツムリの生活』築地書館

第 2 章

1 磯野直秀，2003「『日葡辞書』の動物名」慶応義塾大学日吉紀要，自然科学，34

2 柄谷行人，2014『遊動論』文春新書

3 前掲柄谷，2014

4 赤坂憲雄，2000『海の精神史――柳田国男の発生』小学館
5 前掲柄谷，2014
6 高橋宣昭，1985「蝸牛歌について」日本歌謡研究，24
7 前掲高橋，1985
8 更科源蔵・更科光，1977『コタン生物記Ⅲ――野鳥・水鳥・昆虫編』法政大学出版局
9 前掲高橋，1985
10 鈴木重光，1924『炉辺叢書9 相州内郷村話』郷土研究社
11 山口麻太郎，1934『壱岐島民俗誌』一誠社
12 豊橋市自然史博物館特別企画展解説書，2013『はてな？ なるほど！ ザ・カタツムリ』豊橋市自然史博物館
13 前掲寺島，1987
14 貝原益軒，矢野宗幹ほか校註，1992『大和本草』有明書房
15 瀧巌，1933「カタツムリの話」ヴキナス，4
16 高橋稔，1996「秩父の道陸神焼き」歴史地理学調査報告，7
17 湊宏，1989「キセルガイ科貝類の種類とその分布」VENUS，別巻1
18 前掲湊，1989
19 山崎一憲，2005「静岡県で薬として利用されていたキセルガイの話」ちりぼたん，36
20 https://www.ookunitamajinja.or.jp/mame/
21 前掲山口，1934
22 https://www.town.miyako.lg.jp/rekisiminnzoku/kankou/spot/oitatsuhachiman.html
23 山口自然研究会編，1965『山口の自然』六月社
24 北九州大学民俗研究会，1967『阿蘇山麓の民俗――熊本阿蘇郡南郷谷』
25 浜田善利，1966「ダメッサンの夜泣きホウジャ」ちりぼたん，4
26 浜田善利，1969「ナッギャの話」ちりぼたん，5
27 浜田善利，1976「球磨のナケベスギャ」ちりぼたん，6
28 柳田國男，1972『遠野物語』大和書房
29 南方熊楠，1971『南方熊楠全集 第3巻』平凡社
30 川島秀一，2003『漁撈伝承』法政大学出版局
31 長澤武，2005『動物民俗』法政大学出版局

第3章

1 前掲柳田，1990
2 前田宗年，1992『ふるさと種子島』西日本通信社編集部
3 田畑千秋，1992『奄美の暮しと儀礼』第一書房

4 https://www.okinawa-ikimono.com/reddata/red_data_book/category_08/topics/index.html
https://www.pref.okinawa.jp/site/kankyo/shizen/hogo/documents/12_kairui.pdf
5 前掲柳田，1990
6 細将貴，2012『右利きのヘビ仮説——追うヘビ、逃げるカタツムリの右と左の共進化』東海大学出版会
7 沖縄大百科事典刊行事務局，1983『沖縄大百科事典 上』沖縄タイムス社
8 岩崎卓爾，1974『岩崎卓爾一巻全集』伝統と現代社
9 原田信之，2013「沖縄県石垣島のカタツムリ墓起源伝説」新見公立大学紀要，34
10 前掲原田，2013
11 宮城文，1972『八重山生活誌』沖縄タイムス社
12 当山昌直，2016「沖縄島南城市における生物文化に関する聞き取り——知念盛俊氏に聞く」沖縄史料編集紀要，39
13 那覇市企画部市史編集室編，1979『那覇市史 資料編 第2巻7 那覇の民俗』，1981『那覇市史 資料編 第3巻8 市民の戦時・戦後体験記2』那覇市企画部市史編集室
14 新垣清輝，1955『真和志市誌』真和志市役所
15 宜野座村誌編集委員会編，1989『宜野座村誌 第三巻 資料編Ⅲ 民俗・自然・考古』宜野座村役場
16 和泊町誌編集委員会編，1984『和泊町誌』鹿児島県大島郡和泊町教育委員会

第4章

1 ベルヌ，朝倉剛訳，1968『二年間の休暇』福音館書店；2006『二年間の休暇(上・下)』福音館文庫
2 小林郁，1998『嘉永無人島漂流記』三一書房
3 前掲小林，1998
4 伊波普猷，1973『をなり神の島』平凡社東洋文庫
5 前掲伊波，1973
6 喜舎場永珣，1989「八重山に於ける旧来の漁業」，比嘉春潮ほか編『島 下』所収，名著出版
7 目崎茂和，1985『琉球弧をさぐる』沖縄あき書房
8 前掲目崎，1985
9 野中健一，1994「八重山地方における人とカタツムリ(*Fruticicola sieboldiana*)とのかかわり」国立歴史民俗博物館研究報告，61
10 前掲野中，1994
11 「日本の食生活全集 沖縄」編集委員会編，1988『聞き書 沖縄の食事』農山漁村文化協会

12　前掲宮城，1972
13　竹富町史編集委員会編，2011『竹富町史 第 3 巻 小浜島』竹富町役場
14　竹富町史編集委員会編，2011『竹富町史 第 2 巻 竹富島』竹富町役場
15　石垣久雄，2003「カタツムリの食べ方――竹富島の事例から」南島考古，22
16　謝敷正市，2015『ユナンダキズマ むかしの暮らし』宮古島教育委員会
17　当山昌直ほか，2016「沖縄島国頭村奥の動植物方名とその利用」，盛口満ほか編『琉球列島の自然伝統知』沖縄大学地域研究所彙報，11
18　佐喜真興英，1925『佐喜真興英全集』郷土研究社
19　松村瞭，1920『琉球荻堂貝塚』東京帝国大学理学部人類学教室研究報告第三編
20　中部農業改良普及所編，1982『具志川の食生活――具志川市農村高齢者生活史』中部農業改良普及所
21　前掲宜野座村誌編集委員会編，1989
22　渡名喜村編，1983『渡名喜村史 下』渡名喜村
23　黒住耐二・金城亀信，1988「豊見城村の長嶺・保栄茂および平良グスク試掘調査により出土した貝類」『豊見城村の遺跡――豊見城村文化財調査報告書 第 3 集』沖縄県豊見城村教育委員会
24　黒住耐二，2016「面縄貝塚の貝類遺体(予報)」『面縄貝塚総括報告集』鹿児島県大島郡伊仙町教育委員会
25　名越左源太，国分直一ほか校注，1984『南島雑話 2』平凡社
26　前掲瀧，1933
27　上島励，2003「ウイーンの陸貝採集記」ちりぼたん，34
28　Korábek O. et al., 2015, Splitting the Roman snail *Helix pomatia* Linnaeus, 1758 (Stylommatophora: Helicidae) into two: redescription of the forgotten *Helix thessalica* Boettger, 1886. *Journal of Molluscan Studies*, 82
29　Casitovski I. et al., 2017, A survey of snail farming technology (*Helix aspersa maxima*) in Pelagonia region, R.Macedonia. *Scientific Works of the Union of Scientists in Bulgaria-Plovdiv, series C. Technics and Technologies, Vol. XV*. ISSN1311-9419
30　Brescia F.M. et al., 2008, A review of the ecology and conservation of *Placostylus* (Mollusca: Gastropoda: Bulimulidae) in New Caledonia. *Molluscan Research*, 28
31　Panha S., 1987, The breeding data of Thai edible land snail *Hemiplecta distincta* (Pfeiffer). *VENUS*, 46
32　一般財団法人自然環境研究センター「水辺の幸」調査隊編，2013『メコン河流域 水辺の幸 インドシナ市場図鑑』公益財団法人長尾自然環境財団
33　Amani N.S. et al., 2016, Impact of the gathering pressure on edible snail's population of a classified forest in the south of Côte d'Ivoire. *International Journal of Natural Resource Ecology and management*, 1

34 Pokou K.P. et al., 2021, Local population's knowledge and perceptions on the biodiversity and conservation status of land snails in the region of Lamto Reserve at the Centre of Ivory Coast. *ESJ*, 17:241 Doi:10.19044/esl.2021.v17n25p241
35 前掲岩崎，1974
36 前掲宮城，1972
37 前田光康，1989『沖縄民俗薬用動植物誌』ニライ社
38 前掲当山ほか，2016

第5章

1 前掲野中，1994
2 安室知，1998「西表島の水田漁撈――水田の潜在力に関する一研究」，農村文化研究振興会編『琉球弧の農耕文化』所収，大明堂
3 安室知，2005『水田漁撈の研究』慶友社
4 前掲野中，1994
5 日本放送協会編，1989『日本民謡大観――八重山諸島篇』日本放送出版協会
6 渡久地健，2017『サンゴ礁の人文地理学』古今書院
7 篠原徹，1990『自然と民俗』日本エディタースクール出版部
8 前掲篠原，1990
9 前掲渡久地，2017
10 池田和子，2012『ジュゴン――海の暮らし，人とのかかわり』平凡社
11 谷川健一，1974「動物民俗誌――人面魚体のもの言う魚」アニマ，2
12 盛口満，2021『ものが語る教室――ジュゴンの骨からプラスチックへ』岩波書店
13 島袋源七，1951「沖縄における寄物」民間伝承，15
14 日本直翅類学会編，2016『日本直翅類標準図鑑』学研
15 阿部光典，2013『昆虫名方言辞典』サイエンティスト社
16 盛口満，2021「琉球列島におけるナナフシ方言の多様性」沖縄大学人文学部紀要，24
17 川上勲，2010「宮古の植物方言名について(2)」宮古島総合博物館紀要，14
18 下野敏見，2013『奄美諸島の民俗文化誌』南方新社
19 前掲野中，1994
20 大宜味村史編纂委員会編，2018『大宜味村史民俗編』大宜味村教育委員会
21 東村誌編集委員会，1987『東村誌 第1巻 通史編』東村役場
22 鹿児島民俗学会編，1970『奄美の島――かけろまの民俗』第一法規
23 比嘉康雄，1993『神々の原郷 久高島 下巻』第一書房
24 西大舛高壱，2003『南の島の物語』私家版
25 比嘉康雄，1991『神々の古層⑧ 異界の神ヤガンの来訪 ヤガンウユミ(粟国島)』

ニライ社
26 渡嘉敷村史編集委員会，1987『渡嘉敷村史』渡嘉敷村役場
27 島袋源七・佐喜真興英，1970『山原の土俗』沖縄郷土文化研究会
28 上江洲均，1987『南島の民俗文化』ひるぎ社
29 野本寛一，1987『生態民俗学序説』白水社
30 ウィラースレフ，奥野克己ほか訳，2018『ソウル・ハンターズ』亜紀書房
31 恵原義盛，2009『復刻 奄美生活誌』南方新社
32 豊見城市市史編集委員会民俗編専門部会編，2008『豊見城市史——第2巻 民俗編』豊見城市役所
33 前掲和泊町誌編集委員会編，1984
34 小松和彦，1994『妖怪学新考』小学館
35 赤嶺政信，2018『キジムナー考——木の精が家の神になる』榕樹書林
36 金久正，2000「ケンモン」，小松和彦責任編集『怪異の民俗学3 河童』所収，河出書房新社
37 前掲鹿児島民俗学会編，1970
38 「座間味村ふるさと昔の話」編集委員会編，2013『座間味村ふるさと昔の話』座間味村教育委員会
39 前掲岩崎，1974

第6章

1 盛口満，2018『めんそーれ！化学』岩波ジュニア新書
2 冨山清升，2016「薩南諸島の陸産貝類」，鹿児島大学生物多様性研究会編『奄美群島の生物多様性』所収，南方新社
3 前掲冨山，2016
4 沖縄タイムス社編，1998『庶民がつづる 沖縄戦後生活史』沖縄タイムス社
5 前掲当山，2016
6 知念盛俊，1995「沖縄住民を餓死から救った生き物たちの横顔」，歴史教育者協議会編『語りつぐ戦中・戦後(2)本州最後のトキ』所収，労働旬報社
7 https://anond.hatelabo.jp/20221223175957
8 前掲知念，1995
9 安渓貴子ほか編，2015『ソテツをみなおす——奄美・沖縄の蘇鉄文化誌』ボーダーインク
10 前掲当山，2016
11 佐敷町史編集委員会編，1984『佐敷町史2 民俗』佐敷町役場
12 謝花勝一，1997『サシバ日和』ひるぎ社
13 前掲野中，1994

14　冨山清升，2017「外来種動物としてのアフリカマイマイ」，鹿児島大学生物多様性研究会編『奄美群島の外来生物』所収，南方新社
15　江崎悌三・高橋敬三，1942「アフリカ大蝸牛(食用蝸牛)*Acatina fulica* FERUSSACの本邦、特に南洋群島への輸移入及び其の後の経過」科学南洋，4
16　前掲江崎ほか，1942
17　前掲冨山，2017
18　前掲冨山，2017
19　前掲江崎ほか，1942
20　井上達昭，2017「アフリカマイマイ(*Acatina fulica*)の旧南洋群島への伝播とその戦時下の利用について」太平洋学会誌，32
21　前掲井上，2017
22　平坂恭介，1949「アフリカマイマイの其の後」動物学雑誌，58
23　Lange W.H.,Jr., 1950, Life history and feeding habits of the giant African snail on Saipan. *Pacific Science*, 4
24　https://www.guampedia.com/land-snails-akaleha-of-the-mariana-islands/
25　Kerr A.M. et al., 2013, Annotated checklist of the land snails of the Mariana Island, Micronesia. *University of Guam Marine Laboratory Technical Report*, 148
26　前掲 Fiedler, 2019
27　Smith, B.D. et al., 2008, Survey of endangered tree snails on navy-owned land in Guam, 22pp.
28　前掲 Kerr et al., 2013
29　前掲 Smith et al., 2008
30　前掲江崎ほか，1942
31　前掲 Smith et al., 2008
32　前掲 Smith et al., 2008
33　グールド，渡辺政隆訳，1996『八匹の子豚　上』早川書房
34　Cowie R.H. et al., 2003, The decline of native Pacific Island faunas: changes in status of the land snails of Samoa through the 20th century. *Biological Conservation*, 110
35　デフォー，阿部知二訳，1952『ロビンソン・クルーソー』岩波少年文庫
36　増田義郎，2010「解説 大西洋世界のロビンソン・クルーソー」，デフォー，増田義郎訳『完訳 ロビンソン・クルーソー』所収，中央公論社
37　Miquel S.E. et al., 2015, New records of terrestrial Molluscs of the Juan Fernández Archipelago (Chile), with the description of a new genus and species of Charopidae (Gastropoda, Stylommatophora). *Arch. Molluskenkunde*, 144
38　清水義和，1998『ハワイの自然』古今書院
39　Meyer III W. M. et al., 2010, Feeding preferences of two predatory snails introduced to

Hawaii and their conservation implications. *Malacologia*, 53
40 Holland B.S. et al., 2009, Land snail models in island biogeography: A tale of two snails. *Amer. Malac. Bull.*, 27
41 Ziegler, A.C., 2002, Hawaiian Natural History, Ecology, and Evolution. *University of Hawaii Press*
42 Solem, A., 1990, How many Hawaiian land snail species are left? And what we can do for them, *BISHOP MUSEUM OCCASIONAL PAPERS*, 30
43 前掲 Ziegler, 2002
44 前掲 Solem, 1990
45 前掲 Ziegler, 2002
46 前掲 Holland et al., 2009
47 前掲 Ziegler, 2002
48 Wada S. et al., 2012, Snails can survive passage through a bird's digestive system, *Journal of Biogeography*, 39
49 前掲 Ziegler, 2002
50 前掲 Holland et al., 2009
51 東條操校訂，1941『物類称呼』岩波文庫
52 山中共古，中野三敏校訂，1987『砂払 上』岩波文庫
53 前掲 Ziegler, 2002
54 ギュリック，渡辺正雄ほか訳，1988『貝と十字架』雄松堂出版
55 千葉聡，2017『歌うカタツムリ——進化とらせんの物語』岩波書店
56 前掲 Solem, 1990
57 前掲 Cowie et al., 2003
58 前掲 Meyer III et al., 2010
59 土屋泉石，1917『布哇ノ動物ト植物』布哇便利社
60 前掲江崎ほか，1942
61 エルトン，川那部浩哉ほか訳，1971『侵略の生態学』思索社
62 前掲 Ziegler, 2002
63 前掲 Meyer III et al., 2010
64 前掲 Ziegler, 2002
65 前掲千葉，2017
66 Kirch P.V. et al., 2009, Subfossil land snails from Easter Island, including *Hotumatua anakenana*, new genus and species (Pulmonata, Achatinellidae), *Pacific Science*, 63
67 川端裕人，2021『ドードーをめぐる堂々めぐり』岩波書店
68 Florens F.B.V. et al., 2007, Relocation of *Omphalotropis plicosa* (Pfeiffer,1852), a Mauritian endemic landsnail believed extinct, *Journal of Molluscan Studies*, 73

69 Pippard H., 2012, The current status and distribution of freshwater fishes, land snails and reptiles in the Pacific Islands of Oceania, *IUCN*

第 7 章

1 伊谷玄，2020『干立のシマフサラー――西表島に伝わる動物供儀』くまのみ自然学校
2 仲松弥秀，1993『うるま島の古層』梟社
3 前掲東村誌編集委員会，1987
4 平安座自治会編，1985『平安座自治会館新築記念――故きを温ねて』平安座自治会
5 南大東村誌編集委員会編，1990『南大東村誌(改訂)』南大東村役場
6 城間雨邨編，2001『南大東島開拓百周年記念誌』南大東村役場
7 前掲城間編，2001
8 高木昌興・松井晋，2009『南大東島の鳥類相の特徴と保全』中井精一ほか編著『南大東島の人と自然』所収，南方新社
9 黒田徳米ほか，1943「新属アツマイマイ属に就いて」貝類学雑誌，13
10 前掲黒田ほか，1943
11 湊宏，1977「日本産陸棲貝類の生殖器の研究－Ⅸ．琉球列島のアツマイマイ属」VENUS，36
12 東良雄ほか，1994「大東島の陸産貝類相」VENUS，53
13 東正雄ほか，1983「南大東島産化石アツマイマイ属 *Nesiohelix* の 1 新種」VENUS，42
14 東良雄ほか，1991「北大東島産化石アツマイマイ属 *Nesiohelix* の 1 新亜種」VENUS，50
15 黒住耐二，1992「北大東島の陸産貝類」，沖縄県教育委員会『大東オオコウモリ保護対策緊急調査報告書』所収，沖縄県教育委員会
16 前掲東ほか，1994
17 中井精一ほか編，2009『南大東島の人と自然』南方新社
18 奥土晴夫，2000『南大東島の自然』ニライ社
19 前掲南大東村誌編集委員会編，1990
20 2018『改訂 沖縄県の絶滅のおそれのある野生動物(レッドデータおきなわ)第3版 動物編 貝類』
21 松井晋ほか，2010「南大東島へのニューギニアヤリガタウズムシの侵入」日本応用動物昆虫学会誌，54
22 Chiba S. et al., 2007, Endemic land snail fauna (Mollusca) on a remote peninsula in the Ogasawara Archipelago, Northwestern Pacific. *Pacific Science*, 61

23　前掲千葉，2017
24　前掲千葉，2017

第８章

1　前掲冨山，2017
2　波部忠重，1983「ヤマボタルガイ *Cionella lubrica*(Muller)」ちりぼたん，14
3　藤江明雄，2002「琉球列島の古砂丘より産出する後期更新世陸産貝類化石群集について」，木村政昭編『琉球弧の成立と生物の渡来』所収，沖縄タイムス社
4　前掲藤江，2002
5　今村彰生ほか，2011「生物文化多様性とは何か」，湯本貴和編『シリーズ日本列島の三万五千年――人と自然の環境史１ 環境史とは何か』所収，文一総合出版
6　神田孝治，2015「観光地と歓待――与論島を事例とした考察」観光学評論，3
7　加藤正春，1999『奄美与論島の社会組織』第一書房
8　南日本新聞社編，2005『与論島移住史』南方新社
9　盛口満，2022『魚毒植物』南方新社
10　盛口満，2022「与論島の方々のお話――座談会」，高橋そよ編『島と語る 01――琉球弧・与論島』総合地球環境学研究所
11　盛口満，2019『琉球列島の里山誌』東京大学出版会
12　盛口満，2021「琉球列島の島々における建築儀礼上の海の動物たち」地域研究，27
13　大内森業，1982『ゆんぬ＝与論――島のくらしと民俗』北風書房
14　ヴェロニカ，M．2013「与論島における妖怪の民族誌的研究」沖縄民俗研究，31
15　前掲ヴェロニカ，2013
16　町田原長・採集，1979『与論島民話集』私家版
17　中村泰之，2016「与論島の両生類と陸生爬虫類――残された骨が物語るその多様性の背景」，水田拓編『奄美群島の自然誌学』所収，東海大学出版部
18　前掲中村，2016
19　前掲中村，2016
20　東良雄ほか，1990「与論島の化石陸産貝類相」VENUS，49
21　黒住耐二，1984「与論島の陸産貝類相――特にナガヤマツボの記録」ちりぼたん，15
22　亀田勇一，2007「与論島・伊平屋島におけるシュリマイマイの記録」ちりぼたん，37
23　伊藤舜ほか，2020「与論島初記録のヤマタニシ属(腹足綱：新生腹足亜綱：ヤマタニシ科)」ちりぼたん，50

24 Hirano T. et al., 2022, Patterns of diversification of the operculate land snail genus *Cyclophorus* (Caenogastropoda: Cyclophoridae) on the Ryukyu Islands. Japan, *Molecular Phylogenetics and Evolution* https://doi.org/10.1016/j.ympev.2022.107407

おわりに

1 前掲安渓ほか，2015

あとがき

1 藤原健，2020『終わりなき〈いくさ〉――沖縄戦を心に刻む』琉球新報社